Adolphe Nicolas

ÉNERGIES : une pénurie au secours du climat ?

8, rue Férou 75278 Paris cedex 06
www.editions-belin.com

Belin : POUR LA SCIENCE

Aux éditions Belin-Pour la Science

- J.-F. Salluzo, *La saga des vaccins,* 2011.
- A. Meinesz, *Comment la vie a commencé,* 2011.
- S. Allemand, *Pourquoi le développement durable ?,* 2010.
- A. Andreoli, *L'histoire controversée du test ADN,* 2010.
- G. Chapoutier, *Kant et le chimpanzé,* 2010.
- D. Couvet et A. Teyssedre, *Écologie et biodiversité,* 2010.
- C. Allègre et R. Dars, *La géologie,* 2009.
- P. Feillet, *OGM, le nouveau Graal ?,* 2009.
- M. Gargaud, H. Martin, P. Lopez-Garcia, T. Montmerle et R. Pascal, *Le Soleil, la Terre, la vie,* 2009.
- V. Tardieu, *L'étrange silence des abeilles,* 2009.
- G. Lecointre (dir.), *Guide critique de l'évolution,* 2009.
- S. Steyer, *La Terre avant les dinosaures,* 2009.
- A. Benuzzi-Mounaix, *La fusion nucléaire,* 2008.
- F. Chesneau et P. Briard (dir.), *Guide de la France savante,* 2008.
- C. Sabouraud (dir.), *Guide de la géologie en France,* 2008.
- R. Delmas, S. Chauzy, J.-M. Verstraete et H. Ferré, *Atmosphère, océan et climat,* 2007.
- A. Nicolas, *Futur empoisonné,* 2007.
- P. Papon, *L'énergie à l'heure des choix,* 2007.
- V. Tardieu et L. Barnéoud, *Santo. Les explorateurs de l'île planète,* 2007.
- C. Vincent et B. Francou, *Les glaciers à l'épreuve du climat,* 2007.
- C. Guitton et C. Combes, *Le naufrage de l'arche de Noé,* 2006.
- R. Rizzo, *Sauver le monde sans être Superman,* 2006.
- J. Testard, *Le vélo, le mur et le citoyen,* 2006.
- F. Michel, *Roches et paysages,* 2005.
- A. Nicolas, *2050 Rendez-vous à risques,* 2004.
- R. Trompette, *La Terre,* 2003.
- A. Prost, *La Terre, 50 énigmes pour décourvir notre planète,* 1999.

Édition : Mativox, Éric Mathivet, Myram Thouet

Couverture : © *Lauren Nicole/Photographer's Choice/Getty Images*

 ISSN 1773-8016 ISBN 978-2-7011-5854-9

Sommaire

Remerciements

Mes proches, dont mon épouse Odile et ma fille Valentine, cobayes patients qui m'ont écouté, relu et conseillé, partageant aussi le temps que je leur devais.

Mes collègues de l'université et de mon laboratoire, qui m'ont honoré du titre de Professeur émérite et assuré de leur aide, en particulier Françoise Boudier, pour nos discussions et ses relectures, ainsi que Benoît Ildefonse, pourvoyeur d'informations. Bernard Durand, correcteur exigeant, abondamment cité mais plus encore consulté.

Élargissant le cercle, le Club ASPO-France, qui a bien voulu m'accueillir et, en particulier, son président Jean Laherrère, source inépuisable d'information et recours toujours disponible. Jean Jouzel, Jean-Louis Dufresne, David Rutledge et Luis De Sousa sur la conséquence climatique des restrictions en combustibles fossiles.

Enfin, le support amical et le professionnalisme de mon éditeur aux éditions Belin, ainsi qu'Éric Mathivet et Myriam Thouet de l'équipe Mativox.

Prologue

« On s'afflige des conséquences, tout en s'accommodant des causes. »
Bossuet, prêche à Notre-Dame de Paris, 1650

« 2050 devrait être bien, mais y parvenir sera un défi. »
Robert L. Hirsch, MISI[1], 2008

Les incertitudes essentielles quant au futur relèvent de trois secteurs majeurs : le changement climatique, l'évolution de la population mondiale et la pénurie des ressources énergétiques. Les prévisions dans ces domaines s'appuient sur des modèles dépendants d'un grand nombre de données, au jeu entrecroisé, alors que les mesures qui les supportent sont peu nombreuses. Ainsi sous-déterminés, les modèles sont entachés d'incertitudes en dépit de traitements très sophistiqués sur les données.

Ce constat concerne tout particulièrement le climat, dont le système est le plus complexe et, par conséquent, le moins déterminé. C'est la première cause de la montée du scepticisme de certains scientifiques, qui soulignent que telle ou telle variable a pu être ignorée ou mal prise en compte. C'est par exemple le cas du rôle de l'eau, potentiellement premier gaz à effet de serre, encore mal connu en dépit de recherches très actives : ces recherches ont été partiellement intégrées dans le rapport 2007 du GIEC (Groupe d'experts

1. Voir Annexe 2, la signification des sigles.

intergouvernemental sur l'évolution du climat) et seront plus amplement présentées dans le prochain rapport.

Il en va quelque peu différemment des prévisions concernant la population mondiale et les ressources énergétiques, systèmes plus simples et mieux connus, donc plus prévisibles, et dont les effets sur le futur de nos sociétés seront probablement aussi prégnants que ceux du changement climatique. L'augmentation de la population mondiale et la limitation des ressources énergétiques ont dès aujourd'hui des effets plus clairement ressentis et plus immédiats que ceux du changement climatique. Il est donc urgent de mieux les connaître. Après un ouvrage qui a considéré ces trois déterminants[2], je souhaite ici montrer le lien fort existant entre la croissance de la population (et de sa richesse) et la pénurie attendue de ressources naturelles essentielles, en particulier celle des combustibles fossiles, qui représentent véritablement le sang de la société actuelle. Prévoir l'échéance de cette future pénurie est capital afin de s'y préparer individuellement et collectivement en ciblant les investissements indispensables, évitant ainsi des conséquences désastreuses pour l'homme.

Les deux approches des « prévisionnistes »

La période actuelle voit se multiplier les écrits spéculant sur notre futur énergétique et sociétal. Cet intérêt s'exprime par des projections qui s'inscrivent dans la perspective soit d'une croissance continue, prolongeant vers le futur des tendances passées et actuelles bien identifiées, soit d'une rupture majeure. Les premières s'ancrent dans un passé de l'humanité souvent révélé avec compétence et talent, et dans une description du présent clairvoyante, souvent originale et inspirée[3]. Ainsi

2. A. Nicolas, *2050 : rendez-vous à risques*, Belin, 2004.

3. Citons à cet égard quelques titres récents : *Une brève histoire de l'avenir* (Jacques Attali, Fayard, 2006) ou *Tous ruinés dans dix ans ?* (Jacques Attali, Fayard, 2010), *The Post-American World* (Fareed Zakaria, Norton, 2009), *La Prospérité du vice* (Daniel Cohen, Albin Michel, 2009).

ancrée dans le passé, l'extrapolation vers le futur suit des trajectoires au fond assez prévisibles. À l'opposé, cette mise en perspective avec le passé paraît inutile aux partisans d'une rupture, en raison précisément de la rupture qui doit se produire. Leur première préoccupation est de cerner la date et les effets initiaux des événements qui marqueront cette rupture.

Les projections se rangeant dans la première catégorie sont généralement celles de « l'Establishment » politique, financier et économique, soutenu par le monde des experts nationaux ou internationaux qui publient des rapports annuels rassurants. Ainsi, dans un rapport dont l'écho fut considérable, Lord Nicholas Stern, alors directeur du Service économique du gouvernement britannique, évalue le coût économique à échéance 2100 d'une adaptation raisonnable au changement climatique[4]. Ladite adaptation n'est alors qu'une question d'investissements financiers. Il n'y a aucune rupture avec le fondement actuel de nos sociétés : une croissance potentiellement indéfinie, qui n'est pas limitée par le manque de ressources naturelles. Les économistes conventionnels s'inscrivent dans cette mouvance et nient toute rupture dans l'avenir. Il nous faudra y revenir car cette position est en conflit avec celle qui sera défendue ici. Ce débat est nécessaire car la doctrine de ces économistes conserve une grande influence auprès des décideurs.

Les augures de la rupture, dont font partie les adeptes de la décroissance et les « catastrophistes »[5], sont pour l'essentiel des scientifiques. Résumons leur doctrine : « *On ne peut pas envisager une croissance indéfinie de la population et de la consommation individuelle sur une planète aux dimensions finies.* » Ils illustrent ce constat de bon sens en montrant qu'il serait nécessaire de multiplier le nombre de planètes Terre « à notre disposition » pour assouvir notre soif de croissance. Les scientifiques qui se sont penchés sur ce sujet sont souvent des spécialistes de

---

4. N. Stern, *Économie du changement climatique*, Cambridge University Press, 2006. On en lira une sévère critique sur le site de l'université de la Nouvelle-Galles du Sud (Australie) à l'adresse suivante : http://ssis.arts.unsw.edu.au/tsw/Stern.18.12.07.html
5. Voir A. Nicolas, *Futur empoisonné : quels défis ? Quels remèdes ?*, Belin, 2007.

l'énergie, du pétrole et des autres ressources naturelles, mais ils sont parfois issus d'autres disciplines. C'est ainsi le cas de Jared Diamond, géographe à l'université de Californie à Los Angeles, qui attribue la disparition de civilisations anciennes aux catastrophes environnementales qu'elles provoquèrent[6]. Ou bien encore celui de Joseph Tainter, anthropologue à l'université de l'Utah[7], et d'Ugo Bardi, chimiste à l'université de Florence[8], qui estiment que les sociétés s'effondrent et s'offrent aux barbares, au-delà d'un certain degré de complexité, en raison de rendements décroissants liés à la montée de forces improductives (comme la bureaucratie et la résistance au changement des privilégiés et apparatchiks). Citons également Yves Cochet, mathématicien acquis à l'écologie et ancien ministre, auteur de *Pétrole Apocalypse*[9], qui considère, comme la plupart des autres spécialistes travaillant sur la question de l'énergie, que la première cause de rupture de notre propre civilisation sera la crise du pétrole, s'ouvrant au-delà du pic de la production pétrolière, le fameux *peak oil*.

La voix de cette communauté de scientifiques aux profils variés est celle d'un club international, l'ASPO (Association for the Study of Peak Oil). ASPO-France fut l'une des premières délégations nationales de ce club, fondée par un ancien directeur de l'exploitation du groupe Total, Jean Laherrère. Ce dernier fut signataire, avec son collègue pétrolier Colin Campbell, de l'article fondateur sur ce sujet[10]. Dans cette mouvance, on peut enfin citer des journalistes scientifiques, comme James Howard Kunstler[11] et Richard Heinberg[12], ou des financiers et économistes non conventionnels, comme Matthew Simmons[13].

---

6. J. Diamond, *Collapse,* Viking Penguin, 2005.
7. J. Tainter, *The Collapse of Complex Societies,* Cambridge University Press, 1988/2000.
8. U. Bardi, *The Peak Civilization : The Fall of the Roman Empire,* conférence lors du « Peak Summit », Alcatraz, Italie, 2009.
9. Y. Cochet, *Pétrole Apocalypse,* Fayard, 2005.
10. C. Campbell, J. Laherrère, « La fin du pétrole bon marché », *Pour la Science,* mai 1998.
11. J. H. Kunstler, *La Fin du pétrole,* Plon, 2005.
12. R. Heinberg, *Pétrole, la fête est finie,* Demi-Lune, 2008.
13. M. Simmons, *Twilight in the Desert,* Wiley, 2005.

Pourquoi cet accent sur la crise énergétique et, en particulier, pétrolière ? Parce que l'énergie est le support de toute activité et que le pétrole, qui sera la première énergie à nous faire défaut, en est la source reine.

Les crises s'emboîtent et se relaient

Ce livre s'inscrit dans la perspective d'une rupture imminente. Nous verrons d'abord que l'énergie est au centre de tout et que le pétrole est au centre de l'énergie. Comme toute autre forme de vie, l'homme est porté par un flux d'énergie. Il en ouvrit les vannes, il y a deux siècles, en domestiquant les combustibles fossiles. La révolution industrielle était une ère nouvelle dans l'histoire de l'humanité. Portée par ce flux croissant d'énergie, la population s'est multipliée et sa richesse a augmenté de façon accélérée. Depuis le milieu du XXe siècle, l'homme est pris dans un torrent de pétrole d'une violence croissante – avant le reflux – torrent qui pourrait tout emporter : ressources naturelles de la planète, biodiversité et aussi bien notre société.

La croissance démographique est soumise à celle du pétrole. Jusqu'alors largement contrôlée par la production alimentaire des terres, la démographie a explosé quand le pétrole investi dans l'agriculture a multiplié les rendements. Étant une composante importante du produit intérieur brut (le PIB), le pétrole contribue aussi largement à la croissance de la richesse et sous-tend l'exploitation effrénée des ressources naturelles, en particulier celle des ressources minières. L'exploitation de ces dernières accompagne en effet celle du pétrole, jusqu'à suivre l'inflexion actuelle de sa courbe de production, annonçant une prochaine et commune pénurie par effet domino. Ainsi s'annoncent les limites d'une croissance accélérée qui épuise les ressources de notre Terre. C'est une vision fort différente de celle des économistes conventionnels, niant encore la vulnérabilité des ressources naturelles et bien qu'encore écoutés de nos décideurs.

Après cette première partie fondée sur l'analyse factuelle de l'évolution récente, la seconde partie ouvre sur le futur proche, puis plus lointain. Comment se préparer à la crise du pétrole, puis à celle des autres combustibles fossiles ? Si la volonté et le temps ne nous manquent pas, l'examen des mesures palliatives permet de pronostiquer une adaptation laborieuse dans nos pays riches, plus difficile en Amérique du Nord, et catastrophique dans les pays pauvres et en développement.

Toutefois, la pénurie des combustibles fossiles ayant pour effet de limiter la masse de gaz carbonique injecté dans l'atmosphère, elle devrait nous placer en 2100 sur la trajectoire la plus basse des scénarios du GIEC d'augmentation de température. Ainsi, les effets redoutés de la crise climatique seront très atténués. Les efforts actuellement consentis pour en limiter l'ampleur servent également à atténuer la crise énergétique qui s'annonce.

Crise financière de 2008, puis économique, crise pétrolière, démographique puis climatique, toutes les crises s'emboîtent et se relaient. Elles vont profondément marquer la société, mais pas toujours pour le pire, comme nous le verrons en conclusion. Endiguer les premières permettra de soulager les suivantes, avec pour conséquence, au regard de la crise climatique si redoutée, une ouverture inattendue sur l'avenir.

Le présent livre prolonge une réflexion personnelle sur l'avenir, entamée avec un premier ouvrage abordant principalement l'aspect climatique[14], suivi d'un deuxième consacré aux principaux déterminants de la crise climatique et à la crise de l'énergie[15]. Je me situe ici dans la continuité de ce deuxième ouvrage, avec cependant une conclusion plus réconfortante. Ces livres antérieurs, notamment le premier,

14. A. Nicolas (2004), *op. cit.*
15. *Id.* (2007), *op. cit.*

couvrent un champ très large, dépassant mes compétences scientifiques propres. À l'instar du premier, ce livre-ci est un nouvel exercice d'équilibriste. Concerné par un grand nombre de déterminants issus d'horizons divers, mais voulant rester concis, je me suis gardé de toute description trop détaillée. Je ferai donc souvent référence aux travaux d'experts, résumant leurs messages et renvoyant à leurs publications.

Concernant l'énergie, la pénurie du pétrole et les mesures techniques qu'elle appelle, j'ai puisé dans les ouvrages de Bernard Durand, ingénieur des Mines que nous croiserons souvent et auteur de deux livres très documentés[16]. J'ai beaucoup écouté et appris au sein du club ASPO-France. Pour d'autres mises au point ou ouvertures fulgurantes, j'ai souvent sollicité le blog *The Oil Drum*[17]. Ce site est tenu par une communauté de chercheurs et spécialistes de haute stature, provenant de diverses disciplines, apportant des éclairages parfois inattendus sur l'avenir de nos sources d'énergies.

16. B. Durand, *Énergie et environnement : les risques et les enjeux d'une crise annoncée,* EDP Sciences, 2007 ; *La Crise pétrolière : analyse des mesures d'urgence,* EDP Sciences, 2009.
17. www.theoildrum.com

PREMIÈRE PARTIE

Montée des risques

Chapitre 1

L'énergie au centre de tout et le miracle du pétrole

« Les ressources naturelles ne sont pas un problème. Donnez-moi de l'énergie et je tirerai tout ce que vous voudrez du sol, sinon de l'eau de mer. »
Claude Guillemin,
responsable de la prospective au BRGM, lors du choc pétrolier de 1973.

L'énergie est au centre de tout. Son flux baigne l'Univers. Elle a créé la vie, improbable, lovée dans un courant détourné de ce flux. On tente d'abord, dans ce chapitre, d'entrer en termes simples dans la physique qui rend compte de ce phénomène extraordinaire. Au-delà, s'élève un hymne au pétrole, qui est encore actuellement l'énergie reine, à la fois par son poids dans le cocktail des énergies et par ses qualités extraordinaires. Le pétrole est d'ailleurs au centre de ce livre, aujourd'hui encore comme porteur de la croissance et demain en raison de sa raréfaction, source de grandes difficultés, avant qu'il ne quitte la scène. Ce livre se fermera néanmoins sur la perspective d'un avenir inattendu.

L'énergie, au centre de tout

Le destin de l'homme s'est façonné dans sa relation à l'énergie. Mieux comprendre, cela permet de mieux prévoir le futur. Esquissée ici, cette relation historique est remarquablement développée par le journaliste scientifique Richard Heinberg[1].

La première révolution fut celle de Prométhée volant le feu aux dieux et l'apportant aux hommes... Avec le feu, maîtrisé il y a environ 500 000 ans, l'homme préhistorique se protège du froid. Brandissant un tison, c'est maintenant lui qui inspire la peur à l'ours convoitant sa caverne. Ce nouveau pouvoir tient à la maîtrise, avec le feu, d'une énergie bien plus concentrée et puissante que celle des rayons du soleil. Comme le conte avec humour Roy Lewis dans *Pourquoi j'ai mangé mon père*[2], ainsi libéré du temps consacré à sa principale occupation, la mastication, l'homme peut se livrer à la découverte et à l'invention. L'évolution sera ainsi marquée par la maîtrise d'autres énergies, toujours plus concentrées, toujours plus puissantes. À ce titre, l'ancêtre de Cro-Magnon, en inventant les premiers outils – coup-de-poing, hache, propulseur ou lance –, qui lui assurent un nouvel avantage sur son environnement, témoigne du début de la maîtrise d'une nouvelle forme d'énergie. Concentrant l'énergie cinétique du bras du chasseur, l'outil frappe la cible avec une puissance accrue. Le feu, énergie-source, énergie primaire, et la lance en vol, chargée de l'énergie du bras du chasseur, illustrent les deux états de l'énergie que nous connaissons.

La révolution majeure dans l'histoire de l'homme, également étape majeure des révolutions énergétiques, est celle de l'Holocène, il y a 10 000 ans, avec l'invention de l'agriculture et la domestication des espèces qui ne surent se tenir à distance suffisante. La force de l'homme est décuplée par celle des animaux de traits. Cessant de courir la garrigue à la recherche

1. R. Heinberg, *op. cit.*
2. Roy Lewis, *Pourquoi j'ai mangé mon père,* Actes Sud, 1990.

d'une nourriture de plus en plus rare, l'homme devenu sédentaire dispose maintenant avec l'agriculture de réserves alimentaires et peut dégager du temps pour inventer son futur. Les grandes civilisations au Moyen-Orient et en Asie apparaissent il y a 5 000 ans, avec l'industrie de la céramique, puis celle de la métallurgie du cuivre, grâce à un usage contrôlé du feu.

Quelques millénaires plus tard, la révolution industrielle du XIXe siècle inaugure l'utilisation des combustibles fossiles – charbon, pétrole et gaz naturel – qui animent des machines de plus en plus puissantes et sophistiquées. C'est bien une révolution énergétique. Jusqu'alors, les hommes savaient utiliser le feu et le travail des bêtes ou des moulins, indifférents au fait de savoir qu'avec la chaleur et le travail, ils mettaient en œuvre les deux faces principales du concept d'énergie. Ce concept fut formalisé par les thermodynamiciens de l'époque, montrant que l'on pouvait créer de l'énergie mécanique à partir du feu. Quelques chiffres rappelés par Bernard Durand[3] fixent les principales étapes de la révolution industrielle. Elle s'ouvre quand la machine à vapeur est inventée par Denis Papin puis développée par James Watt pour l'exploitation du charbon, avec le dépôt d'un brevet en 1769. En 1910, la consommation de charbon fossile dépasse celle des énergies « traditionnelles » issues de la biomasse – bois, charbon de bois et tourbe. De cette époque datent également l'avènement de l'électricité et celui de la mobilité avec l'invention du moteur à explosion. Ce nouveau moteur assure l'envol de la consommation du pétrole. Dans les années 1920, les grands barrages apportent l'électricité hydraulique. À partir de 1940, le pétrole est rejoint par le gaz naturel et il dépasse le charbon vers 1965. Enfin, en 1975, intervient l'énergie nucléaire. Nous verrons dans un prochain chapitre que l'ère de la croissance démographique et économique, entamée avec les débuts de l'industrie, s'emballe après la Seconde Guerre mondiale, portée par le pétrole.

---

3. B. Durand (2007, 2009), *op. cit.*

Nous sortons actuellement de cette ère pour aborder une dernière révolution, provoquée par l'épuisement progressif des combustibles fossiles. L'Histoire se précipite : maîtrise du feu il y a 500 000 ans, débuts de l'industrie il y a 5 000 ans, ère du pétrole il y a 50 ans, enfin pénurie du pétrole (dans 5 ans ?) ouvrant sur la crise des combustibles fossiles, suivant une analyse proche de celle d'Anne Lauvergeon (ancienne P.-D. G du groupe areva) et Michel Jamard[4]. À la différence des précédentes, nées du génie humain, cette révolution sera subie et débouchera sur une nouvelle alliance entre l'homme et son environnement. L'objet de ce livre est de chercher à en prévoir l'échéance et d'en entrevoir les premières conséquences à la lumière des formes que pourrait adopter l'énergie du futur.

De l'ordre dans le désordre

L'énergie est au centre de tout. Sans elle, il n'y aurait ni monde minéral, ni monde vivant. Dans l'Univers, depuis l'instant initial du big bang s'échappe un formidable flux d'énergie dans un désordre croissant. Pourtant, les étoiles où se construisent les éléments chimiques, les planètes, la vie sont des îlots d'ordre. Comment est-ce possible ? Dans *La Nouvelle Alliance*, un livre fameux publié en 1979, cosigné avec Isabelle Stengers, le prix Nobel de chimie Ilya Prigogine nous expliquait qu'allant à rebours de l'évolution naturelle, qui est celle de la dégradation, du désordre et d'une certaine homogénéisation – ce que les physiciens appellent « l'entropie » (voir encadré ci-contre) – tout être vivant, y compris l'homme, tant qu'il se maintient en vie, introduit de l'ordre et de la diversité dans son milieu. Il y parvient car il baigne dans ce flux de l'énergie originelle, un torrent impétueux dont il emprunte un contre-courant pour échapper au destin général. Revenons sur cette métaphore pour mieux comprendre. On sait que l'eau, obéissant à la loi de la gravité,

---

4. A. Lauvergeon et M. Jamard, *La Troisième Révolution énergétique*, 2008, Plon.

ne peut s'écouler que du haut vers le bas. Toutefois, un courant sauvage butant contre un obstacle peut créer un contre-courant qui remonte le long de l'obstacle et permet de le franchir. Ce courant a vaincu la loi de la pesanteur mais il appartient à un système loin d'être stable et qui dissipe beaucoup d'énergie.

Un peu de thermodynamique

Les physiciens ont créé le mot de « thermodynamique » pour désigner cette science de la relation entre chaleur (« thermo- ») et travail (« -dynamique »). Nous sommes ici dans la thermodynamique du déséquilibre, par opposition à celle de l'équilibre évoquée dans le prochain encadré.

L'énergie originelle, celle du big bang, subit une dégradation croissante. C'est bien prévu par la thermodynamique, qui nous apprend qu'un système évolue spontanément vers des états de désordre croissant (« *Tu es né poussière, poussière tu redeviendras* »). À l'inverse, un système qui remonte cette pente, comme envisagé plus haut, peut évoluer vers un ordre croissant, à condition d'être plongé dans un puissant flux d'énergie. Ce concept peut être vérifié en réalisant l'expérience suivante. Chauffé par le bas, le liquide d'une cuve libère de la chaleur à sa surface supérieure, en formant des volutes désordonnées, comme celles d'une casserole d'eau sur le feu. Cependant, dans des conditions particulières, on fait apparaître des cellules d'eau montantes qui sont régulièrement rangées en nids d'abeille. Il est ainsi possible de créer localement et temporairement de l'ordre dans un flux désordonné d'énergie. Les cellules apparaissent quand on augmente la température et, par conséquent, le flux de chaleur, car elles favorisent la dissipation de la chaleur dans le système. C'est le prix à payer pour créer l'ordre qui les caractérise. Si la température diminue sous un certain seuil, les cellules disparaissent.

De plus en plus d'énergie consommée

Avant l'ère industrielle, l'homme empruntait, directement ou non, à la seule énergie solaire la part nécessaire à sa survie et à son développement, tout comme l'essentiel du monde vivant. Échangeant le cheval, qui était naguère son outil de travail le plus puissant, contre le cheval-vapeur, l'homme occidental a multiplié la quantité d'énergie à sa disposition par un facteur 100 ou 1 000, soit un nombre comparable d'« esclaves » mécaniques tout à son service. La figure 1.1 en est une illustration avec l'indice du développement humain, indice composite utilisé par l'ONU en vue de comparaisons entre les pays, que nous lions ici à la consommation d'énergie, notre « pourvoyeuse d'esclaves ». Ainsi, l'homme moderne et sa civilisation peuvent sembler transcender tout ce qui s'était construit jusqu'alors. Comment ? En ajoutant à l'énergie vitale qui les porte, celle qu'ils puisent dans les combustibles fossiles, énergie elle-même issue d'un rayonnement solaire qui éclaira autrefois la planète. Drogué par la débauche d'énergie dans laquelle il baigne, l'homme a trouvé à son tour son maître avec le pétrole, comme nous allons le voir.

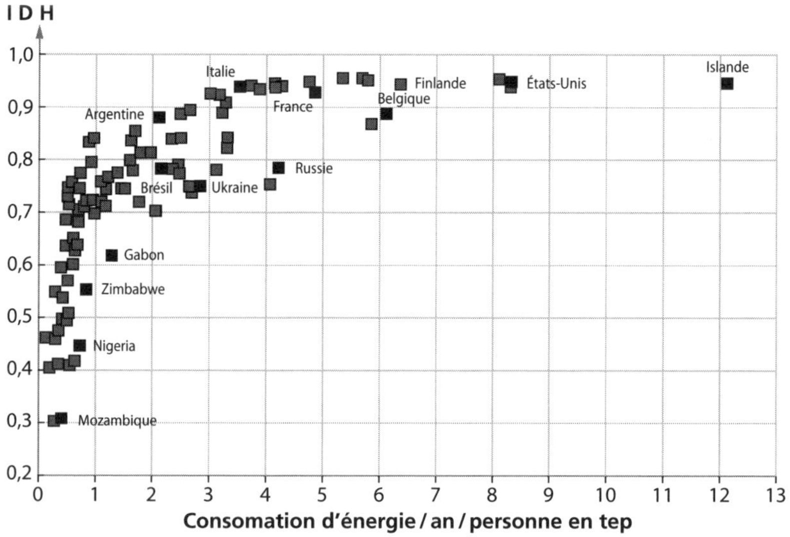

Fig. 1.1. Indice du développement humain (IDH) par pays et consommation d'énergie en tonnes équivalent pétrole (tep) par habitant[5]. L'indice de développement humain prend en compte le niveau de santé, le niveau d'éducation et la richesse monétaire à l'échelle d'un pays. (Source : PNUD, rapport 1999-2000.)

5. Pour la définition de la tonne équivalent pétrole, voir l'annexe 1.

Prise dans le flux cosmique d'énergie, la vie est parvenue à s'organiser en dévoyant une fraction de ce flux. Jusqu'ici, nous étions dans la thermodynamique du déséquilibre, par opposition à la thermodynamique de l'équilibre, régie par un premier principe qui stipule que l'énergie d'un système clos, dépourvu d'échanges avec l'extérieur, ne se perd pas et ne fait que se transformer, par exemple de chaleur en travail. Le second principe ou « principe de Carnot », ici considéré, précise que la transformation de la chaleur en travail n'est pas totale : elle s'accompagne de la dissipation d'une partie de cette chaleur, « la part du diable », qui ne sera pas transformée en travail (voir encadré ci-dessous).

La « part du diable » pour transformer la chaleur en travail

Le principe de Carnot stipule que dans la transformation de la chaleur en travail par une machine dite « thermique », une partie de la chaleur ou de l'énergie primaire ne sera pas transformée en travail, mais vainement dissipée. Par exemple, dans une voiture, il s'agit de la chaleur dissipée par le radiateur, les roulements qui s'échauffent ou le frottement de l'air. Carnot nous apprend aussi que le rendement du travail fourni par rapport à l'énergie primaire dépend de la température à laquelle brûle le combustible. Pour être rigoureux, potentiellement, le travail dépend de la différence de température entre cette source, encore appelée « source chaude », et la « source froide », milieu habituellement à température ambiante dans lequel on rejette la chaleur résiduelle. À cet égard, le pétrole est un combustible roi, car il partage avec le gaz, entre autres qualités, une température de combustion très élevée.

Retenons la conclusion pratique de ce paragraphe théorique. Le rendement des machines animées par une source d'énergie primaire est nécessairement inférieur à 100 %. Citons de nouveau Bernard Durand pour quelques données chiffrées sur les rendements. Le mieux que nous sachions faire pour transformer la chaleur en électricité, dans des centrales à gaz à cycles combinés, est un peu supérieur à 60 % de la chaleur potentielle du gaz. Sinon, les rendements en électricité sont en moyenne mondiale d'environ 34 % pour les centrales à charbon ou à fuel – ils pourraient atteindre environ 40 % – et de 33 % pour les centrales nucléaires. L'électricité ainsi produite est une énergie intermédiaire dont le rendement de transformation en énergie mécanique est élevé (environ 80 %). Avec les diverses machines, les rendements « *well to wheel* » (« du puits de pétrole à la roue ») sont désespérément bas, par exemple 20 % pour une voiture à essence (celui d'un moteur diesel atteignant 30 %). Dans les principaux secteurs d'activité, ils ne sont guère plus élevés : 34 % pour l'ensemble des transports, 24 % pour l'industrie, 28 % pour le secteur résidentiel et 12 % pour l'ensemble du secteur tertiaire. Pour Bernard Durand, l'énergie « utile », c'est-à-dire celle qui produit réellement les effets désirés, ne représente sans doute pas plus de 30 % de l'énergie primaire à l'échelle mondiale. Quant aux énergies renouvelables, si leur destination est de produire de l'électricité, elles sont plombées par l'addition de pertes, dont la première et la principale est la concentration, processus engageant l'apport d'une énergie autre que celle de la source propre. Le rendement pratique de la transformation de l'énergie cinétique du vent en énergie électrique est ainsi de 30 % et celui de l'énergie solaire en électricité de 10 % pour le photovoltaïque. Suit un éventuel stockage en batteries avec un rendement de 70 %. Retenons qu'actuellement l'électricité photovoltaïque revient au minimum 10 fois plus cher que celle produite à partir des combustibles fossiles ou de l'énergie nucléaire.

La cascade des énergies perdues

Une implication de la thermodynamique à travers le principe de Carnot est que chaque transformation de l'énergie se paye par une perte : c'est « le rendement » de la transformation considérée. Partant de l'énergie primaire pour atteindre le niveau de l'énergie utilisée pour le service recherché, on peut descendre une cascade de transformations avec un rendement final qui est souvent très faible, car il est le produit des rendements de chaque étape, tous inférieurs à l'unité. Prenons l'exemple de l'éclairage avec des ampoules à incandescence alimentées par l'électricité produite par une centrale à charbon : l'énergie disponible dans le charbon étant de 100 unités, il en reste 85 une fois le charbon rendu à la centrale (après extraction, conditionnement, transport) ; le rendement est donc de 85 % ; la production d'électricité ayant un rendement de 40 %, celui-ci tombe à 34 %, puis à 31 % rendu chez le consommateur (à cause des pertes en ligne), et finalement à 3 % en énergie lumineuse pour éclairer la pièce, en raison du faible rendement de ces ampoules. Le rendement final de la transformation en lumière de l'énergie chimique contenue dans le charbon est en fait inférieur à 3 % si l'on intègre l'énergie nécessaire pour construire et un jour démanteler tous les éléments de la chaîne de transformation. Une nouvelle moins déprimante : avec le passage aux ampoules fluorocompactes, le rendement final passe à environ 15 %.

Le pétrole, au centre de l'énergie

À notre insu, car nous ne le voyons guère qu'au passage à la pompe à essence, le pétrole imprègne totalement nos vies. Pour prendre la mesure de ce que nos vies seront quand le pétrole viendra à manquer, il est utile de préciser son empreinte en soulignant ses qualités extraordinaires. Cette substance visqueuse et nauséabonde à l'état brut constitue en effet « le sang » de nos sociétés.

Histoire et rendement du pétrole

Rappelons l'origine improbable et non renouvelable du pétrole, qui donne la mesure de notre responsabilité dans son gaspillage actuel. Ainsi, nos petits-enfants puiseront les ultimes flaques dans le lit des fleuves de pétrole que nous aurons brûlés et qui seront alors asséchés. Pour livrer 1 litre de pétrole, la nature a mobilisé 20 tonnes d'une matière organique végétale qui a subi maintes transformations chimiques d'une durée minimale d'un million d'années, suivies d'une lente migration vers des pièges dans les roches sédimentaires, où nous le cherchons, ainsi que le gaz naturel, par forage.

Dès l'Antiquité, on puisait le pétrole brut et le bitume dans les flaques pour calfater les navires. On retrouve le pétrole au XIXe siècle comme substitut à l'huile de baleine pour l'éclairage par des lampes, avant d'en découvrir l'intérêt par rapport au charbon dans les moteurs, le chauffage et enfin comme substance de base pour ce qui est devenu la pétrochimie, avec aujourd'hui 70 000 usages recensés.

Ses qualités font du pétrole le combustible le plus recherché. C'est, avec le gaz, le plus concentré en énergie des combustibles, avec aussi, nous l'avons vu, la plus haute température de combustion. Bien sûr, les combustibles nucléaires sont une source beaucoup plus concentrée, mais ils sont grevés, entre autres, par l'énorme dispositif nécessaire à leur mise en œuvre : une centrale nucléaire ! Nous touchons ici la principale qualité du pétrole, qui est son extrême facilité d'emploi. Se présentant sous la forme liquide, il se transporte aisément en pipeline ou en bidon. Par rapport au charbon, dont l'énergie primaire est au départ grevée par un coût de transport par train de 8 %, le transport du pétrole en camion s'élève à 5 %, et à seulement 1 % en pipeline. C'est un concentré d'énergie dans un moindre volume, dont la stabilité rend la manipulation aisée, un avantage sur le gaz, qui nécessite des réservoirs pressurisés, et est donc d'emploi moins commode et moins fiable. Le transport du gaz sous forme liquéfiée à basse température est aussi particulièrement pénalisant (voir chapitre 3, p. 59).

L'énergie la plus consommée

La figure 1.2 présente la panoplie des énergies à notre disposition. Les combustibles fossiles représentent près de 80 % de l'ensemble, qui est dominé par le pétrole brut, c'est-à-dire celui qui est extrait des puits pétroliers. Les énergies renouvelables pèsent d'abord par la biomasse ; surtout le bois, qui fut avant le charbon le combustible le plus recherché par l'homme. Son épuisement limita dans le passé certaines activités, comme l'activité minière, laissant derrière elle des paysages nus et désolés. L'autre poids lourd est l'énergie hydroélectrique, une énergie propre, mais qui requiert la mainmise sur de grandes surfaces en fond de vallée, souvent fertiles et antérieurement habitées.

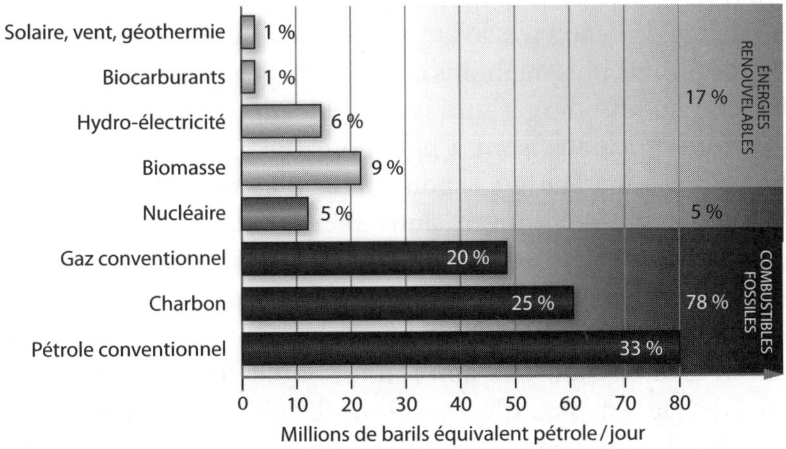

Fig. 1.2. Panorama de la production énergétique mondiale en 2007 en millions de barils équivalent pétrole. Entre parenthèses : les fractions relatives des différentes énergies ; 1 baril = 159 litres. (Sources : BP, *Statistical Review*, 2007 et Agence internationale de l'Énergie, Rapport 2007.)

Une substance difficilement remplaçable

En vue de la prochaine pénurie de pétrole, il est utile de comparer les vertus du pétrole avec celles des énergies renouvelables. D'où vient que les frères Wright aient fait voler un avion fonctionnant au pétrole dès 1903 alors que ce n'est que le 8 avril 2010 que le *Solar Impulse,* un aéronef de l'envergure d'un avion commercial et aux ailes démesurées animé par des cellules photovoltaïques, a effectué son premier vol ? La réponse est qu'en vue d'usages mécaniques, l'énergie doit au préalable être concentrée ; c'est une conséquence du second principe de la thermodynamique (voir l'encadré p. 21).

Ainsi, le moteur de pétrolette des frères Wright n'avait besoin que d'un petit réservoir de pétrole. Le pétrole étant déjà un concentré d'énergie solaire, on demande, dans le cas du *Solar Impulse*, aux cellules photovoltaïques d'effectuer cette concentration en vue du même usage mécanique. En d'autres termes, les énergies renouvelables doivent concentrer une énergie primaire diffuse, comme celle du soleil, du vent, de la houle, ou de l'eau vive, avant d'être utilisables, ce qui nécessite des dispositifs plus ou moins complexes, pénalisant lourdement le rendement énergétique (voir l'encadré p. 22). Le bois et l'énergie nucléaire sont à part pour des raisons différentes. Le bois est une énergie renouvelable déjà concentrée grâce à la photosynthèse (dont un autre mérite est de pomper le gaz carbonique de l'atmosphère). Il est certes moins concentré que son ancêtre, le charbon, qui l'a écarté, au moins dans les pays riches. Quant aux combustibles nucléaires, qui constituent une ressource naturelle non renouvelable, leur concentration en énergie est plus d'un million de fois supérieure à celle du pétrole, mais leur conversion en électricité requiert des installations très lourdes et dont la maîtrise – notamment en termes de risque environnemental – est exigeante. Nous y reviendrons au chapitre 3.

Une société imprégnée de pétrole

Le pétrole imprègne nos vies. Afin de mesurer cette dépendance, anticipant ainsi les domaines où son manque se fera le plus durement ressentir, prenons l'exemple de quelques secteurs d'activité dans lesquels son utilisation, bien souvent oubliée, est massive.

Richard Heinberg[6] a calculé que l'énergie contenue dans un litre de pétrole correspondait à environ 150 heures de labeur humain. Bernard Durand[7] l'exprime d'une façon plus imagée en calculant le nombre d'« esclaves » athlétiques dont disposerait une famille moyenne : 750 esclaves pour la famille

6. R. Heinberg, *op. cit.*
7. B. Durand (2009), *op. cit.*

nord-américaine, 410 pour la famille française, 150 pour la famille chinoise et 20 pour la famille tanzanienne. C'est dans les transports que le rôle du pétrole est le plus prégnant : avec l'« esclave » comme mesure énergétique, lorsque nous roulons, ils sont entre 1 000 et 3 000 à s'agiter sous le capot de notre voiture selon sa taille.

L'exemple des frères Wright présenté plus haut illustre l'exceptionnel intérêt du pétrole dans tous les modes de transport, qu'il a envahi. Ce combustible anime 95 % des transports, ce qui correspond à son utilisation principale[8], et il n'y a guère que les sous-marins nucléaires et les trains, alimentés en France par une électricité largement nucléaire, qui lui échappent. Le transport routier partage une petite moitié de la consommation pétrolière avec la voiture particulière. Le transport aérien ne représente que 6 % de l'ensemble, mais il est en rapide expansion et, s'il est une utilisation du pétrole qui perdurera, ce sera bien celle-ci. Enfin, le transport maritime, responsable de 71 % de tout le fret mondial transporté, n'intervient que pour 5 % de l'ensemble. Ainsi, un transport par porte-conteneurs est plus de 10 fois plus économique qu'un transport par camion.

« Nous mangeons du pétrole ». Diverses sources se recoupant, dont D. A. Pfeiffer[9], à qui nous devons cette expression, confirment les estimations de David Pimentel, professeur au collège d'agriculture de l'Université de Cornell aux États-Unis, qui, dès 1994, avançait que dans 1 calorie alimentaire, il y a de 8 à 10 calories de pétrole. Dans un livre très connu aux États-Unis[10], Matthew Savinar – un avocat californien acquis à la notion de peak oil et qui anime un site Internet remarquable[11] – a calculé qu'une famille américaine de 4 personnes consomme pour son alimentation presque autant que pour ses déplacements en voiture, soit 4 tonnes de pétrole par an. Ce bilan surprenant

8. R. Heinberg, *op. cit.*
9. D. A. Pfeiffer, *Eating Fossil Fuels,* New Society, 2006.
10. M. Savinar, *Life after the Oil Crash,* 2004.
11. www.LifeAftertheOilCrash.net

s'explique par le fait que l'intervention du pétrole est autant prégnante que discrète dans notre alimentation : engrais, mécanisation des cultures, pesticides, irrigation, industrie alimentaire et transports à différentes étapes.

Sans sous-estimer le rôle de la recherche agronomique et de l'introduction de variétés de céréales plus performantes, le pétrole est à l'origine de la « révolution verte ». Yves Cochet souligne l'ironie de ce vocable, sachant que ladite révolution correspond à l'industrialisation de l'agriculture. Par le biais de la mécanisation et des intrants chimiques (engrais et pesticides), poste important évité dans une agriculture dite biologique, le pétrole intervient aujourd'hui à tous les stades, depuis le labour et l'irrigation jusqu'au transport et au conditionnement avec les matières plastiques, elles-mêmes issues du pétrole. Lancée en Inde dans les années 1960, la révolution verte a permis de mettre fin à des famines endémiques en dépit d'un contexte de croissance démographique galopante. Ainsi, selon la FAO, la production de riz et de blé a été multipliée par 4, mais depuis 2000, elle plafonne. La dépendance au pétrole est un déterminant fort du futur de l'humanité ; nous y reviendrons dans le chapitre 6.

Évoquons à présent la pétrochimie. Au stade du raffinage, destiné à tirer du pétrole brut les divers carburants, on extrait d'abord le « naphta », coupe pétrolière constituée d'hydrocarbures de faible poids moléculaire. Représentant environ 6 % du pétrole brut, ces molécules sont valorisées par la chimie industrielle, intervenant comme matière de base dans la synthèse d'innombrables produits dont nous faisons grand usage. Citons les diverses matières plastiques utilisées dans le conditionnement ou qui, par la plasturgie (le pendant pour le plastique de la métallurgie pour les métaux), entrent dans l'élaboration de matériaux solides de plus en plus présents dans notre environnement. Sans oublier les médicaments, cosmétiques, solvants, détergents, résines, élastomères, fibres diverses et engrais.

Combien de pétrole dans les objets qui nous entourent ?

L'extraction et la métallurgie des principaux métaux est un premier secteur de consommation du pétrole cachée dans nos objets quotidiens, avec des investissements très variables, depuis le cuivre, qui est le moins vorace, avec environ 900 litres de pétrole par tonne de métal, jusqu'à l'aluminium, qui le serait 20 fois plus. Au point que l'on préfère satisfaire cet appétit par l'électricité hydraulique, ce qui n'est jamais qu'un transfert. La tonne de fer se tient entre le cuivre et l'aluminium.

Quelques exemples montrant notre dépendance au pétrole sont extraits des compilations d'Yves Cochet[12] et de Matthew Savinar[13]. Ainsi, pour sa construction, une voiture demande en termes d'énergie, en pétrole ou équivalent pétrole, 2 fois son poids ; les pneus, un peu plus de 2 fois leur poids ; un litre d'eau en bouteille plastique acheminé au consommateur, 0,1 fois son poids ; un ordinateur, 10 fois son poids, car la fabrication de ses microcomposants, exigeant des matériaux d'une extrême pureté et des procédés très sophistiqués, consomme 630 fois leur poids en pétrole. Pour en terminer, avec environ 200 litres de pétrole pour une tonne de ciment, la construction des villes modernes ou des autoroutes est un gouffre d'énergie.

Le contenu en pétrole des énergies renouvelables

Nous avons vu plus haut que le pétrole ne peut être supplanté par les énergies renouvelables en termes de rendement. Un autre aspect qu'il convient de signaler est la contribution du pétrole à la fabrication et au fonctionnement des diverses formes d'énergies renouvelables. Une pénurie de cuivre, dont les réserves sont limitées, pourrait freiner les vastes projets futurs de fermes solaires car ce métal entre dans leur fabrication et contrôle l'extension des réseaux électriques. En ce qui concerne les éoliennes, qui comportent de l'aluminium, la restriction viendra non des réserves de ce métal, qui sont

12. Y. Cochet, *op. cit.*
13. www.LifeAftertheOilCrash.net

abondantes, mais du coût énergétique de son obtention, ainsi que rappelé plus haut. L'énergie utilisée pour la construction d'une éolienne, surtout du pétrole, représente en effet 6 à 12 mois de sa production d'électricité.

Le vrai prix du pétrole

Le prix du pétrole est un sujet difficile à cerner. Un prix de 70 à 80 $ le baril satisfait à peu près tout le monde : les États pétroliers, qui y trouvent une manne financière suffisante ; les États consommateurs, avec un prix à la pompe encore supportable pour l'usager ; enfin, l'industrie des énergies renouvelables, qui peut offrir ses équipements, avec l'aide de diverses subventions, à un prix abordable. Toutefois, il est certain que ce prix est largement inférieur à la valeur ajoutée que le pétrole apporte à la croissance. On admet que la croissance mondiale annuelle, tournant autour de 4 %, repose sur une croissance de la production de pétrole de

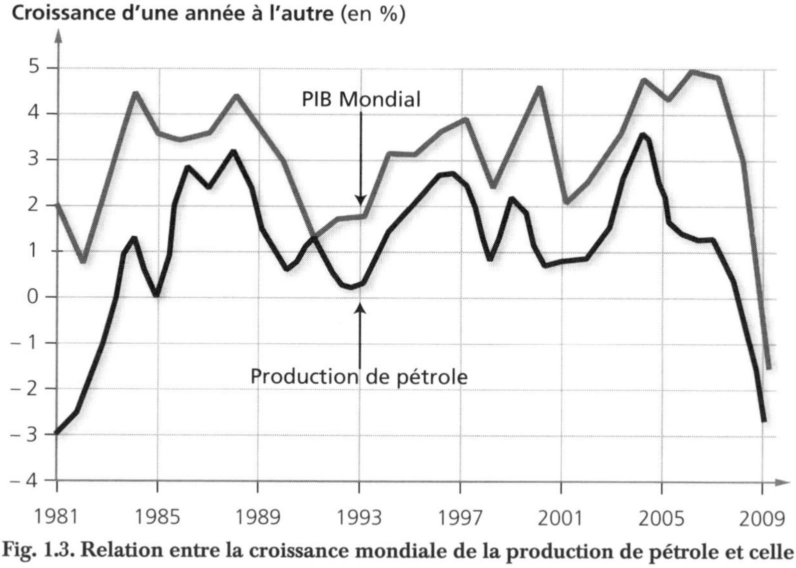

Fig. 1.3. Relation entre la croissance mondiale de la production de pétrole et celle du PIB. On constate que les deux courbes sont parallèles et que la croissance du pétrole représente effectivement en moyenne la moitié de celle du PIB. (Source : D. Cohen, *The prosperity of greed. A (worried) introduction to the economy*, 2009.)

2 % (Fig. 1.3)[14]. À cette aune, le pétrole soutient 50 % du PIB mondial (Produit Intérieur Brut), alors que son coût hors taxe n'est que d'environ 5 % de ce PIB. Ainsi, un baril de pétrole à plusieurs centaines de dollars, totalement dissuasif pour la plupart des usages que nous en faisons, serait malgré tout encore porteur pour l'économie mondiale.

Le pétrole bradé

Résumons l'analyse suivante de David Strahan[15], journaliste et auteur de plusieurs livres sur le pétrole, rapportée par Paul Chefurka, un informaticien canadien actuellement versé dans l'environnement[16].
L'économiste Robert Solow présenta en 1956 une théorie selon laquelle la croissance économique du PIB reposait sur deux facteurs, le capital et le travail, tous deux quantifiables, sachant que 70 % du flux monétaire créé va au travail et 30 % à la rémunération du capital. Très populaire et couronnée par un prix Nobel en 1987, cette théorie n'expliquait malheureusement que le tiers de la croissance observée. Même si Solow faisait déjà intervenir le prix du pétrole dans son modèle, Reiner Kummel et Robert Ayres, deux physiciens qui analysèrent indépendamment les effets des chocs pétroliers de 1974 et 1980 sur l'économie, calculèrent que, si le prix du pétrole pris en considération par Solow était multiplié par 10, son modèle suivrait fidèlement la croissance du PIB. En d'autres termes, si au lieu du prix retenu de 30 $ le baril, prix moyen de l'époque, les modèles économiques prenaient celui de 300 $ le baril, il y aurait accord avec la croissance observée. Cela signifie que, considérant la contribution du pétrole à nos sociétés, son prix était sous-évalué d'un facteur 10. On admet aujourd'hui que la croissance était portée par 4 facteurs, dont le principal est l'apport en énergie primaire, suivi de l'efficacité énergétique et des facteurs initialement retenus par Solow, le travail et le capital.
Les implications du modèle de Kummel et Ayres pour le futur, au-delà du pic du pétrole et des autres combustibles fossiles, ne sont pas rassurantes. Si leur modèle était réversible, une décroissance de 1 % en apport énergétique conduirait à une décroissance de 0,7 % du PIB, tandis qu'une chute de 30 % de la production pétrolière entraînerait mécaniquement une baisse de 23 % du PIB. On peut craindre pire

14. Voir aussi A. Nicolas (2007), *op. cit.*
15. D. Strahan, *The Last Oil Shock,* John Murray, 2007.
16. www.paulchefurka.ca/Economics.html

car le facteur « capital » pourrait aussi faire défaut en raison de la prudence des investisseurs. Enfin, il sera difficile au facteur « efficacité énergétique » de croître en raison de la baisse de l'EROEI (le rendement énergétique de l'extraction des combustibles fossiles, voir l'encadré p. 43).

Conclusion

C'est aux combustibles fossiles – le charbon jusque dans la première partie du XXe siècle, puis le pétrole – qu'il convient d'attribuer l'extraordinaire croissance démographique et économique de la seconde partie du XXe siècle. Certes, la recherche scientifique et la technologie ont aussi porté cet essor. Sans elles et sans l'invention de l'électricité, nous continuerions à nous éclairer au pétrole (combustible supérieur à l'huile de baleine, ce qui sauva cette dernière d'une extinction prématurée...). La croissance démographique et énergétique se paye au prix d'une débauche de consommation de pétrole, source d'énergie extraordinaire et irremplaçable. Ce faisant, nos vies sont imprégnées de pétrole et nous sommes sous la dépendance d'une forte addiction. La suite va nous montrer que cette ressource allant manquer très prochainement, nous devrons en subir le sevrage. À quel prix ?

Chapitre 2

La pénurie des combustibles fossiles

Ce chapitre s'attache uniquement aux combustibles fossiles que sont le pétrole, le gaz naturel et le charbon. Si le pétrole et le charbon se trouvent au bord de la pénurie, la situation du gaz est trop mouvante pour établir un diagnostic. Nous traiterons dans le prochain chapitre des ressources minérales, dont certaines sont, elles aussi, proches de la pénurie. L'uranium, qui est une ressource minérale, sera traité dans le même chapitre 3. En raison de certaines manœuvres d'occultation, qui seront dénoncées dans le chapitre 5 – manœuvres compréhensibles compte tenu des intérêts en cause, de leur rôle central dans la croissance et d'un poids qui pèsera sur notre destin –, ce chapitre doit convaincre. C'est pourquoi il est inévitablement technique, entrant par endroits dans des explications détaillées.

Croissance de la demande énergétique et besoins futurs

Avec l'avènement du charbon, qui ouvre l'ère industrielle, les énergies renouvelables d'alors – bois, eau et vent des moulins – deviennent négligeables, tant l'apport de cette nouvelle énergie leur est supérieur. Bien que le pétrole ait été connu et exploité en très petites quantités dès l'Antiquité, et que le premier forage d'exploration des frères Schlumberger, à Pechelbronn en Alsace, date de 1813, l'ère du pétrole ne commence véritablement qu'en 1859, après sa découverte dans le sous-sol de la Pennsylvanie. Son compagnon, le gaz naturel, ne tient quant à lui un rôle majeur que depuis une trentaine d'années, en raison des difficultés et du coût de son transport. Le nucléaire n'apparaît qu'à partir de 1975. Avec les énergies renouvelables, il complète le bouquet des productions énergétiques (voir Fig. 1.2).

La consommation mondiale, toutes énergies confondues, a été multipliée par plus de 10 depuis le début du XXe siècle, avec une forte accélération à partir de 1950, portée par celle du pétrole et du gaz. D'abord faible au début du XXe siècle, avec 0,5 Gtep[1], la consommation annuelle de pétrole est passée à 1 Gtep après la Seconde Guerre mondiale, pour grimper à plus de 4 Gtep en 2010. Nous verrons dans le prochain chapitre que le XXe siècle aura bien été celui du pétrole.

Les prévisions concernant la croissance de la demande d'énergie entre 2006 et 2030 indiquent qu'elle sera très forte pour les pays en développement, singulièrement la Chine, pour l'ensemble des énergies mais plus encore pour le pétrole. Selon l'Agence internationale de l'énergie (AIE)[2], la consommation en pétrole de la Chine augmenterait de 43 %, tandis que celle des pays développés décroîtrait légèrement. À l'échelle mondiale, quelques scénarios de demande énergétique jusqu'en 2050 ont été présentés dans un précédent livre[3]. La demande serait de 25 Gtep dans le scénario le plus laxiste (« BAU », c'est-

1. Gigatonnes – soit milliards de tonnes – d'équivalent pétrole. Voir l'annexe 1.
2. AIE, rapport *WEO,* 2007.
3. A. Nicolas (2004), *op. cit.*

à-dire « *Business As Usual* ») et de la moitié, soit 12,5 Gtep, dans le scénario le plus sobre. Ces scénarios sont tous inacceptables non seulement à cause de leurs implications climatiques, mais aussi parce que d'ici à 2050, on aura manqué de combustibles fossiles, comme nous le montrerons plus loin (chapitre 7, p. 146-147). Des scénarios alternatifs reposant sur une maîtrise accrue de l'énergie, c'est-à-dire sur son économie, feront plus loin l'objet d'une discussion (chapitre 5, p. 110 et suivantes).

Qu'y a t-il dans le carburant de nos voitures ?

Traditionnellement, le carburant ne provenait que du pétrole brut, dit « conventionnel », qui est extrait de puits pétroliers. Depuis environ 1970, la production du brut ne suffisant pas, plusieurs autres sources de carburants sont sollicitées. Ce sont les liquides non conventionnels. Déjà, au cours de la Seconde Guerre mondiale, l'industrie de guerre allemande, privée d'accès aux puits pétroliers, avait créé un pétrole synthétique à partir du charbon (voir p. 61). On obtient aujourd'hui du carburant à partir d'autres sources.

Certains liquides pétroliers non conventionnels sont d'origine naturelle. Ainsi, par la distillation de sables riches en huiles lourdes et bitumes ou asphaltes, comme les sables asphaltiques de l'Alberta (au Canada) affleurant à la surface du sol, on obtient du pétrole lourd et très visqueux, dont le raffinage, tout comme l'extraction, coûte plus en énergie et en capitaux qu'un pétrole plus léger et dont l'impact environnemental est inquiétant.

D'autres liquides pétroliers sont artificiels, tels les biocarburants. Depuis longtemps pour le Brésil, et depuis une dizaine d'années ailleurs, on fabrique à partir de la biomasse des quantités substantielles soit d'éthanol, qui a des propriétés voisines de celles de l'essence, soit d'esters d'huiles végétales, qui ont les propriétés d'un gazole. Pour le lecteur plus curieux de ces sujets, on ne peut que recommander le dernier livre de Bernard Durand[4], qui a bien voulu contribuer à l'encadré ci-dessous, « Le cocktail du carburant », dans lequel on précise l'origine des liquides pétroliers actuels. Dans l'encadré « Contribution croissante du pétrole non conventionnel » (chapitre 5, p. 106 et suivantes), on tentera de prévoir leur évolution.

Le cocktail du carburant

La principale dichotomie se trouve entre les liquides naturels, produits à partir de gisements de pétrole et de gaz, et les liquides artificiels XTL (X désignant l'origine et TL signifiant « *To Liquid* »).

Les liquides naturels comprennent :

• Les liquides conventionnels extraits des gisements pétroliers : ils sont raffinés et fournissent, en proportions variables suivant leur composition initiale, du naphta pour la pétrochimie, des carburants pour les véhicules et les avions, du fuel domestique, du fuel lourd pour l'électricité et les navires…

• Les liquides (ou « pétroles ») non conventionnels, qui comprennent :

– Les pétroles extraits de gisements très petits ou difficiles d'accès (zones polaires et de grande profondeur à terre ou en mer, offshore). Leur coût est généralement plus élevé que celui du brut conventionnel. Il varie selon les technologies mises en œuvre et la frontière avec le pétrole conventionnel est finalement assez vague.

– Les liquides de gaz naturel (LGN, en anglais LNG pour « *Liquids of Natural Gas* »), qui sont initialement des liquides dissous dans le gaz naturel en proportion notable et qui se condensent en un pétrole léger.

– Les huiles extra-lourdes (densité ~1), surtout au Venezuela, et les sables asphaltiques au Canada. Les réserves sont considérables mais à un coût d'exploitation élevé. En outre, leur coût environnemental doit être évalué en raison de la pollution des rivières et des émissions de gaz carbonique trois fois plus importantes que pour le pétrole classique.

– Les schistes bitumineux (en anglais *oil shales*), qui sont des argilites riches en gaz et en kérogène. Précurseur du pétrole, le kérogène est de la matière organique solide contenue dans certaines roches sédimentaires. Il n'a pas évolué au-delà de ce stade pour se transformer en pétrole et en

4. B. Durand (2009), *op. cit.*

gaz par chauffage durant l'enfouissement géologique. Non seulement les schistes bitumineux ne contiennent pas de pétrole, mais ils ne sont pas davantage des schistes car ces derniers se forment par métamorphisme, c'est-à-dire à une température de quelques centaines de degrés et sous pression. Par une pyrolyse industrielle à des températures supérieures à 400 °C, on peut reproduire en accéléré la transformation naturelle en vue d'obtenir un pétrole synthétique. Dans l'état actuel des techniques, le futur de ce pétrole est très incertain. En revanche, certains schistes riches en gaz (le *shale gas* des Américains), suscitant actuellement à la fois beaucoup d'espoir et de craintes, sont parfois associées à du pétrole (le *shale oil*). Il existe ainsi dans le Bassin parisien un projet conduit par une société américaine pour exploiter du gaz et du pétrole de schistes (voir plus loin l'encadré sur les gaz de schistes). Contrairement aux argilites précédentes, l'enfouissement a été suffisamment profond pour que le kérogène se soit transformé en gaz et en pétrole.

Les liquides artificiels XTL sont quant à eux répartis dans les catégories suivantes:
- STL, huile extraite des schistes bitumineux par pyrolyse industrielle;
- CTL, liquide extrait du charbon par synthèse Fischer-Tropsch (voir p. 62);
- GTL, gaz naturel liquéfié en pétrole par la même synthèse;
- BTL, biocarburants actuels (BTL1, éthanol à partir de sucres ou d'amidon, et diester à partir d'huile de plantes diverses, éventuellement d'algues unicellulaires) ou futurs (BTL2, éthanol à partir de cellulose, ou gazole obtenu par synthèse Fischer-Tropsch, à partir de déchets de bois, de paille, de plantes herbacées ou de taillis à pousse rapide).

Les pétroles non conventionnels ont en commun un rendement énergétique bien inférieur à celui du pétrole brut conventionnel, certains évoquant la chanson du «voleur-poète qui fabriquait... des pièces de cent sous qui lui coûtaient dix francs», comme nous le verrons plus loin (§ « Le retour énergétique sur investissement»).

Production mondiale de pétrole, réserves et perspectives

La production mondiale journalière de pétrole se mesure en millions de barils par jour, ou Mb/j (un baril représentant environ 159 litres). Elle s'établit actuellement autour de

85 Mb/j, soit environ 58 milliards de barils par an (58 Gb/a), et elle est composée pour l'essentiel de pétrole brut et dans une moindre mesure d'hydrocarbures liquides dissous dans le gaz naturel (LGN), les autres liquides non conventionnels demeurant à un niveau subalterne (voir Fig. 2.3). Les réserves mondiales font l'objet d'une grande attention avec les estimations « officielles » – celles des autorités politiques, financières, de la plupart des compagnies pétrolières et des États pétroliers, qui grimpent encore sans relâche – auxquelles s'opposent celles des « techniciens », surtout des géologues et des pétroliers indépendants, qui estiment que les réserves décroissent depuis 1980 (voir l'encadré ci-contre). Empreintes de grossières manipulations, les estimations officielles sont aujourd'hui discréditées[5].

Pour les « techniciens », les craintes quant à une pénurie prochaine s'appuient sur le fait que les grandes découvertes, et par conséquent les réserves de pétrole brut, ont culminé dans les années 1970 et que, depuis, elles diminuent (Fig. 2.1). La distribution de la ressource en brut conventionnel, au moins à terre et dans l'*offshore* proche, est bien connue. Bien qu'il y ait environ 75 000 champs pétroliers en activité dans le monde selon l'UKERC[6], 100 champs fournissent la moitié de la production mondiale et 500 champs les 2/3 de celle-ci. La plupart de ces champs géants sont anciens : ils ont déjà dépassé leur pic de production ou l'atteindront d'ici à 2020. C'est au point qu'actuellement la consommation dépasse largement le niveau des découvertes. Ainsi, en 2010, pour près de 5 barils consommés, on n'en découvre plus qu'un seul (Fig. 2.1). On note aussi que la baisse de production des nouveaux champs pétroliers n'est pas due à un recul de la prospection et du nombre de puits forés. L'époque est à la découverte de petits champs de pétrole, peut-être dans l'attente de quelques

5. Voir A. Nicolas (2004), *op. cit.*
6. United Kingdom Energy Research Center (Centre officiel britannique sur l'énergie et son futur), *The Global Oil Depletion Report,* 2009.

champs géants situés dans des domaines marins jusqu'ici hors d'accès. La recherche demeure très active. Le nombre de puits d'exploration, appelés *wild cats*, forés entre 1885 et 2007, atteint près de 30 000. Mais avec le temps, plus on fore, moins on trouve de pétrole, sauf encore un peu au Moyen-Orient, ce qui traduit évidemment que la ressource s'épuise. Vu de satellites, le champ de Ghawar (Arabie saoudite), le plus grand du monde, est couvert de nouveaux forages sans que sa production augmente. Selon les experts de l'ASPO, il serait en déclin, contrairement à ce qu'affirment les autorités saoudiennes.

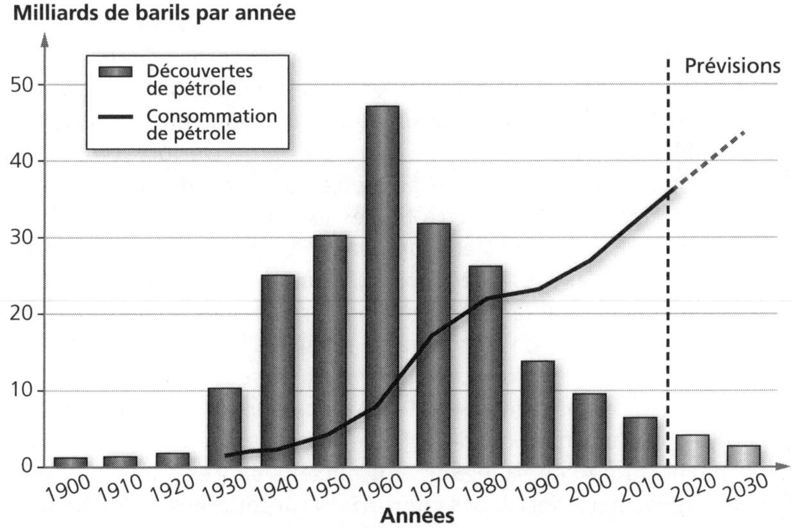

Fig. 2.1. Volumes de pétrole conventionnel découvert par période de 10 ans de 1900 à 2010 et projections au-delà de 2010. La comparaison avec la courbe de la production annuelle de pétrole montre que cette dernière dépasse en 2010 d'environ 5 fois le volume des réserves découvertes. (Source : aspofrance.org, 2010.)

Prévision pétrolière : les acteurs

Les principaux acteurs en matière de prévision pétrolière se rangent du côté optimiste. L'Organisation des pays exportateurs de pétrole (OPEP) fut fondée en 1960 par les pays producteurs de pétrole pour

réagir contre la baisse de son prix, moins de 5 $ le baril ! Depuis, l'OPEP a largement pris le contrôle de sa production et cherche à maintenir le prix du baril dans une fourchette autour de 70 à 80 $, ce qui lui assure des revenus à la fois élevés et susceptibles de dissuader la montée du concurrent, le pétrole non conventionnel. On peut redouter que, la pénurie s'annonçant, les membres de l'OPEP ne réduisent leur production afin de ménager des réserves dont la valeur s'envolera. Les grandes compagnies pétrolières, progressivement écartées des champs de l'OPEP, ont traditionnellement nié tout pic pétrolier, avec toutefois, parmi ces « majors », Total et BP, qui ont une position plus nuancée. Les organismes nationaux comme, aux États-Unis le Department of Energy (DoE) ou le Geological Survey (USGS), ont une position proche des pétroliers, de même que les organismes internationaux, position consistant à admettre qu'il convient de minimiser le risque de pénurie afin d'éviter l'effet de panique. Au premier rang de ces organismes internationaux, l'Agence internationale de l'énergie, essentiellement concernée par le pétrole, fut fondée en 1974 pour parer au premier choc pétrolier, déclenché par l'OPEP. C'est une émanation de l'OCDE, donc des pays riches, qui publie un rapport annuel, le *World Energy Outlook* (WEO). Le Conseil mondial de l'énergie (CME), en anglais *World Energy Council* (WEC), fondé en 1923, couvre toutes les formes d'énergie en vue d'un approvisionnement et d'un usage durables. Le WEC tient un congrès annuel et publie des rapports sous son sigle. Il était jusqu'ici sur la même ligne que les organismes précédents, tout comme les économistes dits « conventionnels » (chapitre 4).
Premier écho notable et vivement discordant : celui des « techniciens », notamment l'ASPO (Association for the Study of Peak Oil), groupe international de pétroliers indépendants, de géologues et d'experts de l'énergie, souvent anciens cadres supérieurs des compagnies pétrolières. Les clubs ASPO furent créés en 2000 suite au cri d'alarme lancé en 1998 par les pétroliers Colin Campbell et Jean Laherrère (ancien directeur de l'exploration de la compagnie Total) dans un article de la revue *Pour la Science*, sous le titre « La Fin du pétrole bon marché ». Autre association gérée sur la base du volontariat, l'Energy Watch Group (EWG) fut lancé en 2006 sur une initiative allemande. Il vise à apporter une information transparente et non partisane sur l'ensemble des énergies. Il publie des rapports sous son sigle, dont le rapport 1/2007, qui annonçait une prochaine pénurie de charbon (voir plus loin, § « "King Coal", un roi au règne écourté ? »).

Que faut-il entendre par «pic du pétrole» ou «*peak oil*»?

Le pic du pétrole, traduction de l'expression anglaise *peak oil*, introduite en 1998, sera atteint lorsque plafonnera l'offre pétrolière, composée de l'ensemble des liquides pétroliers, conventionnels ou non, face à la demande des consommateurs. Engendrant une pénurie, cette situation déclenchera une flambée des prix. Le *peak oil* est le sommet d'une courbe en cloche. Il s'agit de la «courbe de Hubbert», du nom du géologue pétrolier qui, dès 1956, avait fixé avec raison à 1970 la date du début du déclin de la production pétrolière aux États-Unis. Dans la figure 2.2a, le *peak oil* divise symétriquement les volumes de la production passée (la demi-aire gauche sous la courbe) et ceux qui sont encore sous terre (l'autre demi-aire). La courbe de Hubbert est aussi très utilisée aujourd'hui pour d'autres ressources minérales, ainsi que nous le verrons dans le prochain chapitre.

Le *peak oil* correspond au point où la moitié des réserves pétrolières totales est consommée; il ne marque donc pas l'épuisement de la ressource. En revanche, la symétrie de la courbe de Hubbert est seulement théorique, car la moitié des réserves encore sous terre sera d'accès de plus en plus difficile et de moindre rentabilité, ainsi que le montre le retour énergétique sur investissement énergétique, l'EROEI (voir l'encadré p. 43). La figure 2.2b illustre une modélisation à partir de la courbe de Hubbert qui incorpore la baisse observée de l'EROEI du pétrole depuis 1930 et son extrapolation jusqu'à un EROEI de 1/1 dans le futur, baisse signifiant que de plus en plus, le pétrole extrait sera consommé pour sa propre extraction, jusqu'au rapport de 1/1. La conclusion est dramatique: lors du *peak oil*, nous aurions consommé non la moitié des réserves disponibles, mais 73 % de celles-ci! La précision du résultat est discutable car celle des mesures d'EROEI est médiocre. Charles Hall et son groupe de l'université de Syracuse (États-Unis), qui ont introduit ce concept, en conviennent, mais ils estiment que

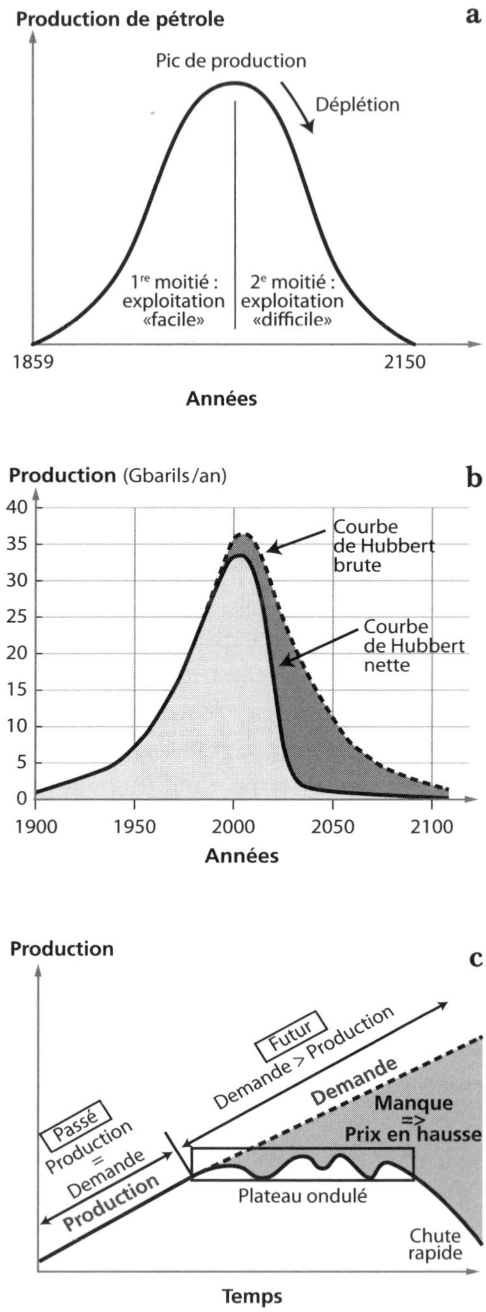

Fig. 2.2. Le *peak oil*. En (**a**), courbe de Hubbert brute (théorique) et pic de la production mondiale de pétrole. Le pétrole ne manquera pas, théoriquement, avant 2150, mais sa production sera de plus en plus difficile et donc de moins en moins rentable, ce que précise la figure (**b**), où la courbe de Hubbert brute (l'enveloppe) devient dissymétrique (courbe de Hubbert nette), compte tenu de l'évolution future du retour énergétique sur investissement énergétique, l'EROEI. En (**c**), on observe un plateau ondulé, qui traduit une première rupture entre l'offre et la demande de pétrole, puis une chute raide au-delà du plateau. Sources : a) K. Hubbert, exposé à l'American Petroleum Institute de San Antonio, 1956 ; b) D. Murphy, www.theoildrum.com/node/5500. c) R. L. Hirsch, 2010.

sous un EROEI d'énergie primaire de 3/1, l'énergie disponible devient insuffisante pour répondre aux besoins de base de la société. Cela concerne aussi les énergies alternatives, dont l'EROEI serait inférieur à ce seuil. Sans s'engager dans une estimation plus précise, ces spécialistes retiennent les données de l'encadré ci-dessous[7].

Par ailleurs, la notion de pic doit être nuancée car le *peak oil* aura plus probablement la forme d'un plateau que d'un pic (Fig. 2.2c). Un plateau ondulé car, dans cette zone critique, on peut craindre des instabilités d'ordre technique et économique.

Le retour énergétique sur investissement

Un concept souvent négligé se révèle pourtant essentiel, tant aujourd'hui, face à des choix inconsidérés d'un point de vue économique, que dans le futur, face aux évaluations très optimistes des réserves de combustibles (voir Fig. 2.2b). C'est celui du « retour énergétique sur investissement » (EROI, *Energy Return On Investment*), sous-entendu « financier », ou du « retour énergétique sur investissement énergétique » (EROEI, *Energy Return On Energy Investment*), selon que la mesure est monétaire ou énergétique.

À titre d'exemple, l'EROEI du pétrole au Texas en 1930, quand le pétrole jaillissait de puits superficiels, était de 100/1, c'est-à-dire que le puits produisait 100 barils de pétrole pour 1 baril investi dans cette production. Selon Charles Hall et son groupe à l'université de Syracuse (États-Unis), spécialistes de ces questions, l'EROEI du pétrole brut mondial serait descendu à seulement 19/1 en 2005, car nombre de gisements ont un EROEI voisin de 10, étant plus petits et d'accès plus compliqué qu'autrefois. Pourtant, le pétrole brut, bien qu'en baisse, reste toujours au-dessus de tous les autres liquides non conventionnels, dont l'EROEI est inférieur 10, celui des biocarburants issu des céréales approchant de 1. On trouvera une analyse détaillée de l'EROEI et des données récentes dans *Searching for a Miracle* de Richard Heinberg, paru en septembre 2009[8].

---

7. N. Gagnon, C. A. Hall, L. Brinker, « A Preliminary Investigation of Energy Investment for Global Oil and Gas Production », *Energies*, p. 490-503, 2009.
8. www. postcarbon.org/new-site-files/Reports/Searching_for_a_Miracle

De l'aveu de Charles Hall[9], l'évaluation des EROI peut être ambiguë, dépendante de certains choix. Ainsi, dans le cas du nucléaire, l'EROI intègre l'ensemble du cycle (construction, coût opérationnel et déprise terminale, rapporté à la durée de vie) et pas uniquement le coût opérationnel (combustible, maintenance...), tandis que dans le cas du pétrole, on ne considère que le coût opérationnel, ignorant les infrastructures de base, comme le réseau de pipelines, les raffineries... Dans le cas des énergies renouvelables, on tend à ne considérer que le coût opérationnel, favorisant ainsi l'EROI, puisqu'il n'est pas entravé par la charge des investissements et de la déprise en fin de vie, coûts rapportés à la durée d'amortissement, elle-même mal connue. Il est ainsi malheureusement très difficile de donner une estimation de l'EROI pour les principales énergies renouvelables.

Le *peak oil*, inévitable ?

Nous allons voir que depuis 2005 la production de pétrole plafonne autour de 85 Mb/j. Depuis 1950, la consommation de pétrole a quadruplé. Encore récemment, sa croissance annuelle atteignait 2 %, soutenant ainsi une augmentation de la richesse mondiale de 4 % l'an. Tel un paquebot lancé sur son erre, la croissance de la population présente son énorme inertie. Déjà multipliée par plus de 2 depuis 1950, la population mondiale ne peut que continuer à croître à un rythme élevé durant encore deux décennies. Peut-on espérer que la production pétrolière pourra tenir à un rythme égal sur cette durée ? Une pénurie d'ici là est inévitable. Il convient maintenant d'en préciser l'échéance par des données plus techniques.

Le peak oil, pour quand ?

Jusqu'en 2005, avec des signes prémonitoires d'essoufflement, la production de pétrole brut conventionnel a pu satisfaire la demande mondiale en pétrole et en ses dérivés. Depuis, la production stagne, conformément aux prévisions des clubs

9. C. Hall, *Energy*, vol. 2/3, Juillet 2009, www.theoildrum.com/node/3810.

ASPO (voir l'encadré p. 39). Ces clubs ont fixé l'échéance du peakoil entre 2005 et 2010. De fait, le pétrole brut a atteint un pic en 2005. Dans un rapport d'octobre 2009, l'EWG convient que le pic du pétrole est intervenu en 2006. L'Arabie saoudite était particulièrement surveillée, malgré ses cachotteries, car elle dispose des plus grosses réserves. Avec le dixième du pétrole brut mondialement extrait, l'Arabie saoudite contrôle l'OPEP et, indirectement, la production mondiale. Les indices qui proviennent de ce pays suggèrent que le pic y est aujourd'hui dépassé.

Bien que les courbes de Jean Laherrère, souvent considérées comme les plus fiables, dessinent des pics, il fut le premier à prévoir que, vue de plus près, la forme réelle serait un plateau bosselé en raison de contraintes extérieures (voir Fig. 2.2c et 2.3). Si, après le pic de 2005, la production a pu se maintenir au niveau d'un plateau, c'est parce que la production de pétrole non conventionnel, encouragée par la hausse du prix de baril depuis le début des années 2000, a permis de compenser le plafonnement du pétrole brut. Après des années d'atermoiements, dans son rapport de 2010, l'AIE admet enfin : « *La production de pétrole conventionnel a atteint son "pic historique" en 2006, elle ne le dépassera plus jamais.* »[10] Ainsi, il commence à être admis qu'un pic de production est proche, « le pic du pétrole » ou *peak oil*, au-delà duquel les réserves baisseront.

Sur la figure 2.3, on observe que la croissance des liquides non conventionnels est pour l'essentiel due à un autre combustible fossile : le liquide de gaz naturel (LGN, en anglais LNG). En revanche, la contribution des sables asphaltiques devrait rester modeste. Actuellement de l'ordre de 1 Mb/j, elle est appelée à ne pas dépasser 2 à 3 Mb/j avec un EROEI faible (5 à 6/1) selon M. C. Herweyer et A. Gupta, du groupe de Charles Hall, qui fait autorité sur ce sujet[11].

10. AIE, rapport *WEO*, novembre 2010.
11. M. C. Herweyer et A. Gupta, www.theoildrum.com./node/3839, 2008.

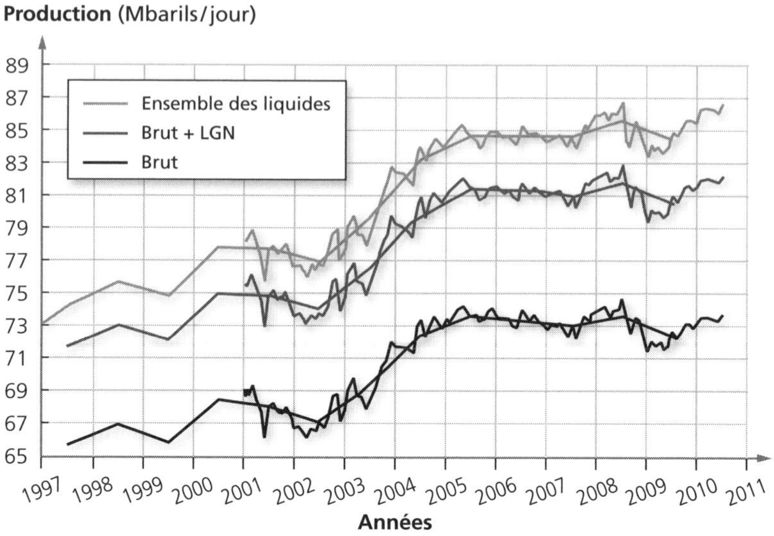

Fig. 2.3. Production de carburants liquides entre 1997 et 2011 illustrant la contribution du brut (courbe du bas), des liquides issus du gaz naturel (LGN, voir encadré p. 52) (courbe du milieu) et de l'ensemble des liquides non conventionnels (voir encadré p. 36) (courbe du haut). Depuis 2005, la production plafonne, aidée par la contribution de ces liquides non conventionnels. (Source : J. Laherrère, www.aspo.com ou org, novembre 2010.)

En ce qui concerne les autres liquides non conventionnels, dont les biocarburants, on se référera au chapitre 5, encadré « La contribution croissante du pétrole non conventionnel, jusqu'où ? ».

L'avenir proche et la sortie du plateau, prévue vers 2020, seront déterminés par la capacité des carburants non conventionnels à prendre le relais de la baisse du brut. Jean Laherrère propose, avec la figure 2.4, un second scénario qui maintient la production actuelle jusqu'en 2030. Le groupe d'Uppsala, également affilié aux clubs ASPO, précise ces projections, avec une production cumulée de pétrole (depuis le début de son exploitation) de l'ordre de 4 000 milliards de barils (4 Tb) en 2030, porté par l'espoir de découvertes d'environ 20 Mb/j issus de nouveaux champs géants à découvrir[12].

12. Uppsala, *World Energy Outlook*, 2008.

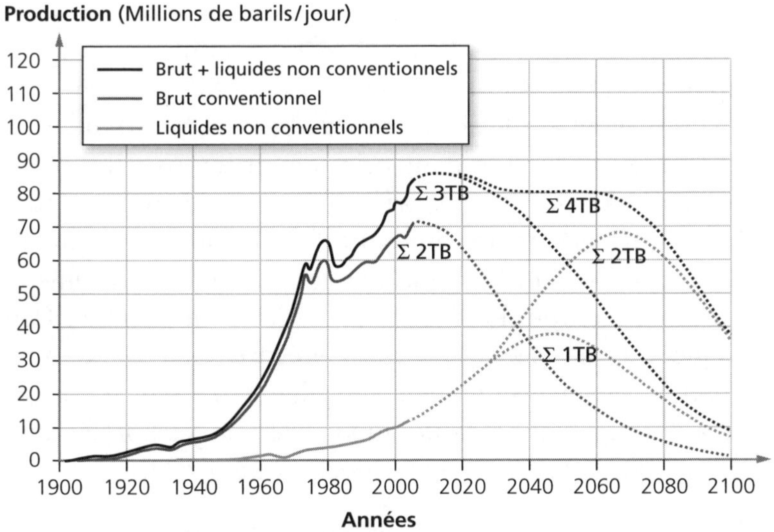

Fig. 2.4. L'avenir des carburants liquides. La courbe gris moyen montre les prévisions de J. Laherrère concernant la production mondiale de pétrole brut conventionnel en millions de barils par jour (Mb/j) de 1900 jusqu'en 2009, puis, en pointillés les prévisions jusqu'en 2080 en utilisant la courbe de Hubbert. Le brut conventionnel aurait atteint son pic en 2005. Dans ce scénario, la production cumulée de brut conventionnel (des débuts de l'exploitation jusqu'à la dernière goutte extraite) aura été 2 TB, soit 2 000 milliards de barils ($\Sigma = 2$TB). Depuis le pic du brut conventionnel, la production est stabilisée aux environs de 85 Mb/j (courbe supérieure noire) grâce à l'apport croissant des liquides non conventionnels (courbe inférieure gris clair). La « longueur » de ce plateau de production dépend de la quantité cumulée de liquides non conventionnels que l'on espère extraire : soit 1 TB ($\Sigma = 1$TB), la production cumulée totale de pétrole étant alors de 3 TB ($\Sigma = 3$TB), soit, comme envisagé par le club ASPO d'Uppsala, 2 TB ($\Sigma = 2$TB), la production cumulée totale de pétrole étant alors de 4 TB ($\Sigma = 4$TB). Dans cette dernière hypothèse, le plateau de production serait prolongé jusqu'en 2060. (Source : Jean Laherrère, aspofrance.org, 2010.)

Et la récupération assistée ?

Le rendement de la récupération classique du pétrole à partir de la roche-magasin où il est piégé est généralement faible, de l'ordre de 30 %. Depuis une quarantaine d'années, on s'efforce de la rendre plus efficace par des moyens physiques (injection d'eau ou de gaz sous pression pour augmenter la perméabilité et chasser le pétrole récalcitrant), par des moyens chimiques (en injectant des solvants) et plus récemment, par la mise en œuvre de forages horizontaux qui permettent de mieux suivre et exploiter un horizon riche en huile. Ces techniques sont donc bien connues mais elles peuvent s'avérer contre-productives. Stimulant la production dans un premier temps, elles ne lui permettent pas ensuite d'exprimer totalement son potentiel, ne laissant pas « le temps au temps ». Résultat : on augmente la production ou on limite la baisse naturelle, mais ensuite la baisse s'accentue. Le champ supergéant de Cantarell, au Mexique, est un cas exemplaire à cet égard : marquant un pic en 1999, il retrouva sa vigueur jusqu'en 2005 avec 2,4 Mb/j, grâce à des injections d'azote, suivies de forages horizontaux, pour, en 2009, subir une chute précipitée à 0,7 Mb/j.

Et les énormes champs que l'on continue de découvrir ?

Les investissements lourds consentis au début de la décennie 2000, suite à l'augmentation du prix du pétrole, et les progrès techniques permettant de pénétrer des roches plus dures à des profondeurs croissantes commencent à porter leurs fruits. En 2009, plus de 200 gisements ont été découverts, y compris des champs géants dans les golfes du Mexique et de Guinée, au large de la Sierra Leone, ainsi que le champ supergéant de Tupi, au large du Brésil. Selon l'IHS-CERA, les découvertes des 6 premiers mois de 2009 s'élèveraient à 100 Gb. Il faut toutefois relativiser l'impact de ces découvertes avant d'annoncer que le *peak oil* sort de notre horizon. La consommation mondiale de pétrole est aujourd'hui de 31 Gb/an (soit 85 Mb/jour). Une première évaluation des réserves pour les nouveaux gisements du golfe du Mexique est de 3 à 4 Gb, soit le dixième de la consommation mondiale annuelle ; elle serait de 3 à 10 Gb pour le golfe de Guinée, soit au plus un tiers de cette consommation. Quant au Brésil, on parle d'environ 30 Gb vers 2020, soit la consommation d'une année, ce qui, au taux de croissance de 2 % par an de la consommation, pourrait assurer celle-ci pendant près de 20 ans (en supposant que la production mondiale ne s'effondre pas d'ici là et demeure au niveau du plateau actuel). Rappelons que dans ces gisements marins par grands fonds, notre ultime frontière, les difficultés d'exploitation sont considérables. Ainsi, le gisement du golfe du Mexique se trouve à 10 000 m de profondeur et celui du Brésil à 5 000 m, sous un épais niveau de sel. Tous deux ont un pétrole difficile à extraire. Le gigantesque gisement du Brésil nécessite des investissements faramineux (on parle de 100 milliards de dollars) et ne serait rentable que pour un baril au-dessus de 80 $. Bien que ces gisements géants portent le handicap de retours énergétiques sur investissement médiocres, ils pourraient permettre de retarder de plusieurs années l'échéance de la pénurie.

Et le retour du Moyen-Orient avec l'Irak ?

Un retour de l'Irak sur le marché mondial de la production de pétrole semble probable. Les capacités pétrolières de l'Irak, reconnues peu après la Première Guerre mondiale, ont été masquées par une longue période d'instabilité, la dernière étant l'invasion américaine déclenchée en 2003. Un appel aux sociétés pétrolières étrangères, lancé en 2009, pourrait permettre une rapide montée de la production, de l'ordre de 2 à 12 Mb/j, à deux conditions : un apaisement de la situation intérieure dans le pays et, suite à une nouvelle période de prospection, la découverte espérée de très grands champs. Pourquoi pas d'ici à une dizaine d'années, une seconde Arabie saoudite ? Le plateau, actuellement à environ 85 Mb/j, monterait alors à 95 Mb/j, et le pic du pétrole serait retardé d'une dizaine d'années, suivant l'analyse du blog *The Oil Drum*[13]. Selon Jean Laherrère, bon connaisseur de la région, l'apport de l'Irak, après une situation interne stabilisée, serait de 4 Mb/j en 2040[14], ce qui resterait une contribution majeure mais ne changerait guère la donne.

13. www.theoildrum.com/node/6101
14. J. Laherrère, site aspofrance.com, 2009.

Et les biocarburants ?

Pour Jean Laherrère, la production ultime de biocarburants pourrait atteindre 6 à 7 Mb/j en 2040. Cette prévision est supérieure à celles des organismes internationaux (AIE, WEO), qui vont de 3 à 6 Mb/j, et à celle d'Exxon-Mobil, qui est de 3 Mb/j. En raison de la concurrence avec des exigences alimentaires de plus en plus aiguës, il sera difficile d'emprunter à des terres destinées à l'alimentation, et ce pari repose sur la maîtrise des biocarburants de seconde génération (voir chapitre 5, encadré p. 107).

Concluons sur ces apports qui pourraient différer d'une dizaine d'années, voire davantage, la sortie du plateau de production du pétrole attendue vers 2020, à condition, nous allons le voir, de brider très serré la consommation mondiale. En étant optimiste, on peut s'en réjouir car, plus encore que le pétrole, c'est le temps qui va nous manquer pour bien préparer sa chute, et un répit de 20 ans ne serait pas superflu. En étant pessimiste, on peut redouter que la fête continue, saccageant plus encore la planète et son climat.

Et le point de vue de la demande ?

La demande de pétrole, qui était de 70 Mb/j en 1995, a atteint 85 Mb/j en 2005, suivant une croissance de l'ordre de 2 % par an. Elle est aujourd'hui stabilisée à ce niveau, en raison de l'envolée du prix du baril, surtout depuis 2004. Le prix élevé a suscité les efforts de tous pour améliorer l'efficacité de la consommation du pétrole. Plus récemment, la crise financière de 2008, en réduisant l'activité économique, a aussi contribué à freiner la demande et provoqué une baisse temporaire du prix du pétrole. On peut anticiper dans un futur proche de fortes hausses, comprimant de nouveau la demande. Par ailleurs, il y a encore des gisements d'économies de pétrole, comme aux États-Unis où, par exemple, les voitures consomment près de 30 % de plus qu'en Europe. Mais ce système n'étant pas indéfiniment élastique, la compression de la demande est limitée. Avec 14 millions de véhicules vendues en Chine en 2010, pour un pourcentage encore très faible d'heureux Chinois possesseurs de voiture, il est évident que l'appétit pour le pétrole ne faiblira pas.

Plus dure sera la chute

Il faut hélas envisager que, au-delà du plateau de production, la chute de production du pétrole brut soit raide. L'augmentation de la production qui a permis d'atteindre le plateau de 2005 fut soutenue par une progression de l'ordre de 2 % par an de la production du pétrole brut conventionnel. Or la chute actuelle de la production de ce brut conventionnel serait d'au moins 4 %, atteignant 6,5 % par an pour les puits ayant dépassé leur pic de production[15]. Il est peu vraisemblable que le pétrole non conventionnel ou les futures découvertes de grands champs pétroliers puissent combler ce décalage. Face à la forte demande attendue dans des pays en développement, au-delà de 10 % de décalage entre l'offre et la demande, c'est l'ensemble de l'économie mondiale qui risque de s'effondrer[16].

Qu'entend-on par « gaz naturel » ?

Le gaz naturel est un excellent combustible. Il est essentiellement composé de méthane (CH_4), une molécule très simple, très énergétique et qui, étant relativement pauvre en carbone (1 atome pour 4 d'hydrogène), produit moins de CO_2 dans sa combustion que le pétrole et, évidemment, que le charbon. Le méthane lui-même est toutefois un gaz à effet de serre plus puissant que le CO2. Il subit un

15. UK Energy Research Center, *Global Oil Depletion*, 2009.
16. A. Nicolas (2007), *op. cit.*

traitement pour être débarrassé d'hydrocarbures plus lourds. Ces hydrocarbures plus lourds donneront les liquides de gaz naturel (LGN), d'autres gaz, du soufre et des traces d'autres éléments. Le gaz naturel dit « conventionnel » (voir l'encadré ci-dessous) correspondait encore en 2005 à environ 80 % de la production mondiale, mais la situation évolue rapidement, surtout aux États-Unis, en faveur du gaz non conventionnel comme nous allons le voir. Le gaz conventionnel est un compagnon du pétrole que l'on extrait des mêmes environnements géologiques, où il se forme par pyrolyse (une cuisson sous pression entre 50 et 300 °C qui se produit durant l'enfouissement des sédiments organiques entre 1 et 10 km). Entre 2 et 5 km de profondeur, on trouve surtout le pétrole. Au-delà de 5 km, la température excédant son domaine de stabilité, le pétrole se transforme en gaz naturel. Sous-produit du pétrole, ce gaz est encore brûlé dans les torchères quand il ne peut être exporté, mais cette pratique tend à disparaître. Devenu précieux, le gaz est maintenant soit réinjecté dans le puits, où il peut faciliter l'extraction du pétrole, soit transformé sur place en GNL (« gaz naturel liquéfié ») qui est liquide, ce qui permet son transport par les pipelines de pétrole brut. L'EROEI moyen du gaz naturel conventionnel aux États-Unis est de 10/1 ; il est sensiblement plus bas pour le gaz non conventionnel. L'encadré ci-dessous, préparé avec l'aide de Bernard Durand, apporte une information plus précise.

Les différents types de gaz

On distingue ici le gaz naturel conventionnel et le gaz naturel non conventionnel, selon que le gaz est associé au pétrole conventionnel ou non :

- Le gaz naturel conventionnel entre en proportions très variables dans les gisements classiques de pétrole, où il peut être du gaz sec, sans hydrocarbures liquides associés. Sinon, il est purifié par extraction des hydrocarbures qui y sont dissous, hydrocarbures qui donnent les liquides de gaz naturel (LGN). Débarrassé de son LGN éventuel, le gaz naturel est liquéfié à environ - 160 °C au sein d'installations très lourdes (usines de plusieurs milliards de dollars) en vue de son transport par des navires ou des pipelines qui lui sont spécifiques (c'est le GNL, « gaz naturel liquéfié »).

• Le gaz naturel non conventionnel est dans tous les cas du gaz sec, ne pouvant produire de LGN. On distingue le gaz des aquifères profonds, le gaz de schiste (*shale gas*), le gaz de grès ou calcaires très peu perméables (*tight gaz*), le gaz de mines de charbon (grisou) et le gaz des veines de charbon profondes (*Coal Bed Methane*, CBM).

Ce tableau peut être complété en mentionnant d'une part le biogaz – dont il sera question plus loin – qui correspond à du méthane se formant continûment à partir de matière organique évoluant en milieu réducteur, et d'autre part les gaz industriels:

– le GPL (gaz de pétrole liquéfié), qui est un gaz de synthèse liquéfié par compression et qui est bien connu pour sa substitution au pétrole dans certains véhicules,

– les gaz issus de pyrolyse: celle du charbon (cokeries), des hauts-fourneaux (fabrication de la fonte et de l'acier) ou de la biomasse (fabrication du charbon de bois). Ces gaz industriels sont le plus souvent utilisés localement et étaient avant la dernière Guerre mondiale à la source du gaz d'éclairage.

Le gaz naturel conventionnel, complémentaire du pétrole

Tandis que le pétrole est l'énergie reine dans le domaine des transports, le gaz naturel, qui peut aussi propulser des véhicules (GPL), est surtout recherché pour la production d'électricité, comme source de chaleur dans l'industrie, enfin pour le chauffage dans le secteur résidentiel et tertiaire. Les turbines à gaz produisent de l'électricité avec un rendement atteignant 80 % de l'énergie primaire du gaz, avec une possibilité de cogénération, c'est-à-dire de récupération et d'utilisation de la chaleur résiduelle, par exemple pour le chauffage des habitations. Ce rendement en énergie utilisable est très supérieur à celui des centrales à charbon, qui est en moyenne de 33 % (et atteint 45 % dans les centrales modernes).

Le gaz naturel non conventionnel

Le gaz non conventionnel est présent dans divers environnements géologiques examinés dans l'encadré p. 52[17]. Avec l'enfouissement, la température et la pression ambiante augmentent. Le méthane éventuellement présent dans les sédiments originaux et celui issu de la pyrolyse sont séquestrés car, sous l'effet de la pression, les pores des roches cessent de communiquer entre eux. Le gaz peut d'autant moins migrer qu'il est « adsorbé », c'est-à-dire collé aux minéraux tapissant ces pores. Ainsi se forment le gaz de schiste, qui nourrit l'actualité, et le *tight gas*. Ce dernier est piégé dans d'autres roches, calcaires ou gréseuses, constituant souvent des gisements très profonds, à 5 km et au-delà. On peut citer un gisement de *tight gas* en exploitation depuis 30 ans situé dans l'Ouest du Canada, où il constitue une ressource importante pour ce pays. Le volume total de toutes ces réserves est considérable. On observe actuellement aux États-Unis un véritable engouement pour ces ressources énergétiques, tandis qu'ailleurs, elles sont au cœur d'un intense débat (voir l'encadré ci-contre).

Les ressources en *tight gas*, qui sont souvent présents dans des gisements profonds pressurisés, seraient encore supérieures à celles des schistes. Pour ces derniers, on avance, des ressources mondiales dont on ignore quelle sera la fraction récupérable mais qui seraient équivalentes à 5 fois celles du gaz naturel conventionnel (près de 1 000 Tm^3, contre 200 Tm^3) et au double des réserves de pétrole encore en place. En contrepoint, les risques de pollutions des nappes d'eau souterraines liés à l'exploitation de ce gaz de schiste sont élevés et leur EROEI est bas : entre 1,5/1 et 4/1. De nouvelles techniques d'exploitation (voir l'encadré ci-contre) suscitent actuellement aux États-Unis, très en pointe sur ce sujet, à la fois de grands espoirs et de très sérieuses craintes. Depuis 2009, ce gaz non conventionnel, en forte croissance, représente la

17. Voir aussi le site internet : www.naturalgas.org/overview/unconvent_ng_resource.asp

moitié de la production gazière du pays, qui prend ainsi la tête de la production mondiale, devant la Russie.

Le gaz de schiste ou *shale gas*

La technique d'exploitation du gaz (méthane) dans les schistes consiste à forer verticalement sous le niveau des nappes d'eau douce pour atteindre ces formations. On pénètre leurs couches sur une distance horizontale jusqu'à 1 à 2 km, grâce à une déviation progressive du forage. De l'eau injectée sous forte pression induit la fracturation des couches, qui s'ouvrent verticalement (Fig. 2.5). Cette eau – environ 10 000 m^3 pour chaque forage – contient des acides pour élargir les fissures, ainsi que du sable, tenu en suspension par des additifs gélifiants, et destiné à garder ouvertes les fractures les plus fines. Afin de maintenir la production, car les poches se vident rapidement, de nouveaux forages rapprochés de 100 à 200 m sont nécessaires. La durée de vie d'un tel forage ne représente qu'environ un dixième de celle d'un forage de gaz conventionnel. Le gaz remonte en surface avec l'eau pompée. Cette eau est chargée des additifs introduits pour stimuler les forages. En avril 2011, un rapport de la Commission de l'énergie de la Chambre des représentants d'Amérique a dénombré 2 500 produits entrant dans ces additifs, dont 650 sont des produits chimiques potentiellement dangereux. L'eau lessivant les gisements est en outre salée et souvent polluée par les métaux lourds ou radioactifs qu'elle a pu dissoudre. Elle doit être assainie avant réinjection. Par ailleurs, les risques de pollution des aquifères d'eau potable par les produits toxiques dissous dans l'eau injectée sont importants, nécessitant de cimenter près de la surface le pourtour des puits de forage. On conçoit que la technique soit onéreuse et puisse présenter de sérieux risques de contamination des nappes d'eau autour des forages verticaux. En raison de la législation du droit sur le sous-sol, ce risque est accentué, aux États-Unis, par la multiplication de ces forages liée à la grande parcellisation des permis d'exploitation. Selon le DoE, les difficultés techniques et les risques environnementaux sont tels que l'engouement actuel pourrait être déçu. L'USGS a produit une bonne étude sur ce sujet[18].

18. D. J. Soeder, W. M. Kappel, « Water Resources and Natural Gas Production from the Marcellus Shale », *U.S. Geological Survey Fact Sheet 2009–3032*, 6 p., http://pubs.usgs.gov/fs/2009/3032

En revanche, cette nouvelle ressource pourrait posséder, si l'on se place du point de vue énergétique, un atout majeur : l'abondance de ses réserves mondiales pourrait en faire l'ultime ressource énergétique en combustibles fossiles. Selon une synthèse de 2010 des principaux services géologiques, la Russie, avec 5400 Tcf[19], et l'Amérique du Nord, avec 4500 Tcf, seraient les mieux dotées, suivies par l'Europe, le Moyen-Orient, le Sahara, chacun autour de 1000 Tcf, les autres contrées étant en dessous ; mais des estimations quelque peu différentes circulent aussi. Des projets d'exploitation du gaz de schistes sur le territoire français sont en cours d'étude. Supplantant le charbon dans les centrales électriques, ce gaz réduirait de moitié les émissions en gaz carbonique du charbon. Enfin, la distribution mondiale des schistes est plus équitable que celle des gisements mondiaux de gaz conventionnel. C'est un point majeur, car s'en trouveraient réduits les risques de confiscation de la ressource par les pays producteurs et le coût du transport par gazoducs ou navires méthaniers, coût pénalisant le gaz naturel puisqu'il en représente la moitié.
En guise de conclusion, le recul nécessaire pour juger de nouvelles techniques énergétiques en termes d'efficacité, de coût et d'impact étant d'au moins une décennie, nous ne saurons qu'avec le reflux du pétrole si le gaz de schiste sera en mesure d'assurer un certain relais.

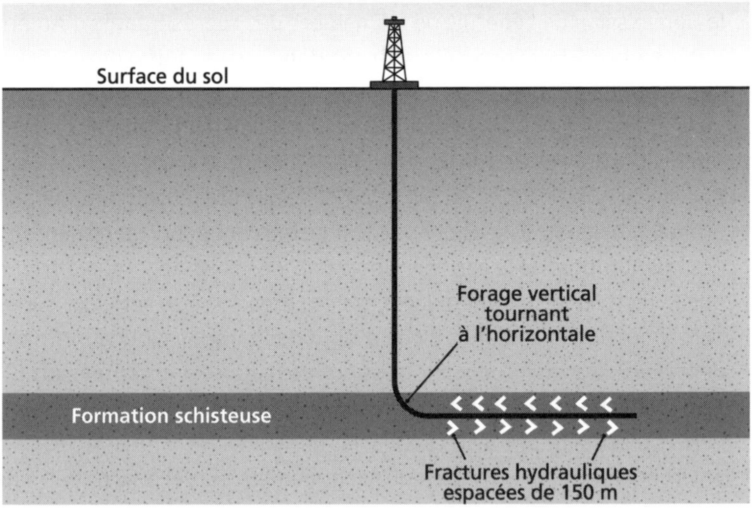

Fig. 2.5. Technique d'exploitation du gaz de schistes mise en œuvre aux États-Unis. À partir d'un forage vertical, on opère une déviation en forage horizontal et une succession d'opérations de fracturation hydraulique par injection d'eau sous pression. (Source : Soeder et Kappel, *op. cit*).

19. Voir l'annexe 1 sur les unités.

Le biogaz

À côté du gaz naturel, conventionnel ou non, issu d'une pyrolyse (gaz thermique), le méthane biogénique, ou biogaz, se forme directement dans des environnements superficiels très variés. La ressource est considérable et nourrit de grands espoirs pour le futur, espoirs peut-être excessifs car son extraction est compliquée et le rendement énergétique souvent médiocre.

Le gaz naturel biogénique provient de l'activité de bactéries dites « méthanogènes », qui décomposent la matière organique et produisent du méthane. C'est ainsi qu'on récupère du biogaz produit par méthanisation des déchets ménagers biodégradables.

La subsidence, c'est-à-dire l'enfouissement de couches sédimentaires dans les bassins et les deltas gorgés de matière organique, conduit à un flux de retour de méthane qui, s'il est localement piégé, donnera naissance à un gisement de gaz naturel. Ce méthane peut être piégé dans des niveaux poreux ou faiblement perméables.

Pour compléter ce tableau, il convient de mentionner les hydrates de gaz ou clathrates. Il s'agit du méthane issu de l'activité de micro-organismes (encore les bactéries dites « méthanogènes »), présents jusqu'à plus d'un kilomètre de profondeur dans les sédiments des marges continentales, mais aussi dans les sédiments des sols perpétuellement gelés (pergélisols ou permafrost) des régions polaires. Au cours de sa migration vers la surface, ce méthane est piégé sous les plateaux océaniques par plus de 500 m de fond, ou dans les pergélisols. Il entre dans la cage moléculaire des clathrates, qui sont une forme de glace particulière, stable jusqu'à quelques degrés au-dessus de 0 °C et sous une pression supérieure à 50 bars, ou, dans le cas du pergélisol, stable à pression atmosphérique mais à des températures très basses. La croissance des cristaux de clathrates peut rendre leur niveau étanche, formant ainsi un piège pour le gaz, qui s'accumule alors en quantité importante sous cet horizon.

Les hydrates de gaz constitue une ressource très importante et pourtant mal connue, mais en même temps une menace climatique qui, comme on pouvait le redouter[20], commence à se matérialiser. La fonte de cette glace consécutive au réchauffement climatique dans le pergélisol des régions polaires commencerait à libérer du méthane dans l'atmosphère, contribuant à aggraver le réchauffement climatique. L'exploitation des clathrates fait l'objet de recherches actives : les Russes s'intéresseraient au pergélisol, tandis que les Japonais, dans la fosse de Nankai, et les Américains, dans le golfe du Mexique, ayant localisé par la sismique des horizons riches en clathrates, envisagent d'installer des pilotes industriels en vue d'une future exploitation.

Les réserves et le pic du gaz naturel

Les découvertes et réserves de gaz naturel conventionnel suivent de peu celles du pétrole brut : les gisements majeurs datent de 1975-1980, contre 1965-1970 pour ceux du pétrole, et, dans les deux cas, les nombreuses découvertes plus récentes sont de volume décroissant. La situation du gaz naturel conventionnel est toutefois meilleure que celle du pétrole brut, reflétant probablement le décalage dans leur exploitation. Nous avons vu qu'en ce qui concerne le gaz non conventionnel, dont la ressource mondiale potentielle semble considérable, il est difficile de prévoir quelle en sera la part qui pourra être exploitée, car l'extraction relève de techniques qui ne sont pas encore éprouvées, dont l'EROEI est encore mal connu et dont l'impact environnemental pourrait bien être rédhibitoire. En outre, face à une demande future qui sera confrontée à la pénurie du pétrole, la montée en puissance du gaz naturel pourrait être longue, freinée par un manque de capitaux et… de pétrole (voir p. 128-129). En 2009, le prix du gaz en équivalent

20. A. Nicolas (2004), *op. cit.*

pétrole n'est que de 18 $ alors que le pétrole lui-même atteint 80 $. Contrairement au pétrole, le gaz naturel ne s'écoule pas librement dans les pipelines. Il faut, rappelons-le, le purifier et le liquéfier en le refroidissant à – 163°C, ce qui doit être répété dans de nombreuses stations le long des pipelines. Les navires méthaniers sont aussi plus complexes et plus onéreux que les pétroliers. Le transport du gaz compte ainsi pour la moitié de son coût ! Pour ces raisons, le marché mondial du gaz tend à être compartimenté en trois domaines : l'Europe, l'Amérique du Nord et l'Asie. Ajoutons que les infrastructures actuelles pèchent par un réseau de pipelines vieillissants, vulnérables et insuffisants, ainsi que par des capacités de stockage limitées. Il résulte de ces facteurs une instabilité des prix, nuisant aux investissements financiers qui seraient bien nécessaires.

Les prévisions concernant le pic du gaz sont donc plus incertaines que celles du pétrole. On envisage un pic ou un plateau de production vers 2025 pour le gaz conventionnel, ce qui est raisonnablement prévisible car ce combustible suit le sillage du pétrole. Cependant, nous avons vu qu'on assiste actuellement à une montée en puissance du gaz non conventionnel aux États-Unis, montée en puissance qui pourrait compenser le déclin du gaz conventionnel et repousser le pic du gaz au-delà de 2025.

« King Coal », un roi au règne écourté ?

Après la pénurie annoncée du pétrole, puis celle du gaz naturel, voici que le charbon apparaît comme l'ultime recours en tant que ressource énergétique du futur. C'est un retour aux sources car la révolution industrielle de la seconde moitié du XIXe siècle fut fondée sur le charbon « de terre », qui se substituait au charbon de bois.

La production de charbon, dominante avant-guerre (voir Fig. 3.2), et qui stagnait il y a 20 ans autour de 2 Gtep explose depuis, ayant atteint 3,6 Gtep en 2010, et s'accroissant annuellement de 7,6 %, bien plus vite que celle du pétrole (2 %). La part du charbon dans le bilan énergétique mondial atteint environ 30 % aujourd'hui et ce combustible fournit 40 % de la production d'électricité mondiale (80 % en Chine). On connaît la menace que cette montée en puissance du charbon, grand dissipateur de gaz carbonique dans l'atmosphère, fait peser sur l'évolution climatique. Menace encore aggravée si l'on retient les estimations optimistes portant les réserves de charbon à plus d'un siècle, voire jusqu'à 250 ans. La riposte se prépare néanmoins, avec, en particulier, l'idée de séquestration de ce gaz, mais nous y reviendrons.

Il y a « charbon » et « charbon »

Le charbon provient de la transformation (en plusieurs millions d'années) de la matière organique de plantes terrestres mortes. Ces dernières ont souvent été déposées dans les deltas de fleuves. On trouve aujourd'hui le charbon dans des séries houillères épaisses de quelques kilomètres présentant des niveaux, ou veines de charbon, elles-mêmes épaisses de 1 à 10 m et s'étendant d'une centaine de mètres à quelques dizaines de kilomètres. En Europe et habituellement en Chine, ces formations ont été déformées par les mouvements des plaques tectoniques qui ont été à l'origine de la formation, il y a environ 350 millions d'années, de chaînes de montagnes aujourd'hui érodées. Mais aux États-Unis, les charbons du même âge se présentent en couches épaisses et horizontales. Il en va de même en Indonésie, en Australie et dans la province chinoise autonome du Xing Kiang. L'estimation des réserves et leur exploitation en sont grandement facilitées.

Il y a plusieurs types de charbons. Partons de la tourbe, produit de végétaux enrichis en carbone par évolution en milieu lacustre très réducteur, et qui n'est pas encore du charbon. Suivant le pouvoir calorifique croissant, c'est-à-dire l'énergie mesurée en calorie contenue par unité de masse, on passe par le lignite – « à consommer sur place », tant le coût énergétique de son transport limiterait son intérêt – puis le charbon sub-bitumineux, avant d'atteindre la houille, ou charbon bitumineux, et sa variété la plus noble, l'anthracite[21]. Cette hiérarchie repose sur le degré de pyrolyse, la « cuisson » naturelle par enfouissement des sédiments.

Avant utilisation, le charbon doit être lavé. Il contient, en particulier, de la pyrite (FeS_2), qui dégage en brûlant de l'anhydrite sulfureux (SO_2), un gaz irritant qui fut responsable des pluies acides détruisant les forêts d'Europe occidentale avant que le pétrole et le gaz ne se substituent au charbon.

Les utilisations du charbon

Résumons les descriptions précises données par Bernard Durand[22] quant à l'utilisation du charbon. Nous avons vu qu'il sert à produire de l'électricité dans des centrales thermiques. Les plus puissantes délivrent jusqu'à 1 300 MWh, soit autant qu'un réacteur nucléaire, avec un rendement de 45 % pour les plus récentes.

Il existe aussi toute une chimie à partir du charbon, surtout développée en Allemagne. On en tire un gaz de synthèse composé de monoxyde de carbone (CO) et d'hydrogène (H_2). On peut en séparer l'hydrogène pour d'autres utilisations, en chimie essentiellement. Le gaz de synthèse peut être aussi utilisé tel quel comme combustible, ou transformé à haute température pour produire du méthanol (CH_3OH) ; il s'agit de « l'alcool à brûler », le plus simple des alcools. Par catalyse, on peut tirer du gaz de synthèse des carburants synthétiques.

21. F. Kalaydjian et S. Cornot-Gandolphe, *La Nouvelle Donne du charbon*, Technip, 2008.
22. B. Durand (2007), *op. cit.*

Durant la Seconde Guerre mondiale, c'est le procédé Fischer-Tropsch qui permit à l'Allemagne, coupée de l'accès aux champs pétroliers, de poursuivre la guerre. L'Afrique du Sud, riche en charbon, utilise ce même procédé pour produire du pétrole non conventionnel, le CTL (« *Coal To Liquid*»).

La production de tourbe à des fins énergétiques (40 % de la tourbe exploitée est en effet utilisée en horticulture), principalement pour produire de l'électricité, était quant à elle d'environ 25 Mt par an avant l'avènement du pétrole, essentiellement dans les pays d'Europe du Nord.

Ressources et réserves du charbon

En vue de l'exploitation d'une ressource géologique, on distingue la ressource de la réserve, pour préciser les quantités de la substance recherchée. Au niveau d'un gisement ou d'un ensemble de gisements, « la ressource » désigne la quantité totale estimée et « la réserve » la fraction que l'on espère en extraire. Pour plus de précisions sur une terminologie qui reflète la complexité du sujet, on peut se référer à la classification adoptée par l'USGS (United States Geological Survey), le service géologique américain[23]. La recherche et l'estimation des réserves et des ressources de charbon sont généralement bien plus complexes que celles du pétrole ou du gaz. C'est au point que déjà dans la terminologie il semble nécessaire d'aller au-delà de la distinction entre « ressources » et « réserves », distinction acceptée dans le cas du pétrole et du gaz (voir l'encadré ci-après). Pétrole et gaz proviennent de bassins sédimentaires, où la tectonique relativement simple favorise leur migration dans des pièges d'hydrocarbures que l'on sait détecter par la prospection sismique. Les réserves de charbon en couches épaisses et plates couvrant de vastes

23. www.minerals.usgs.gov

surfaces s'évaluent elles aussi aisément. En revanche, l'estimation est très difficile quand les couches de charbon sont localisées dans les chaînes de montagnes, où elles sont peu épaisses, plissées, fracturées et profondément enterrées. Fait aggravant, les estimations des ressources mondiales reposent sur des déclarations nationales souvent anciennes, parfois dépourvues de fondement géologique et s'avérant généralement optimistes. En outre, ces données ne sont pas harmonisées, nombre de pays ne distinguant pas la nature du charbon et mêlant dans leurs estimations le lignite avec la houille et l'anthracite, les seules vraiment dignes d'intérêt, bien qu'en Europe le lignite soit utilisé dans la production électrique. Nous allons voir ce qu'il en reste après une enquête sérieuse.

Petit guide pour estimer les réserves de charbon

Dans le cas du charbon, le WEC[24], forum officiel mondial, dans une recommandation de 2004, propose de distinguer les rubriques suivantes, dans un ordre décroissant de crédibilité :
– quantité prouvée en place : tonnage de charbon d'un gisement connu qui a été directement évalué comme exploitable dans les conditions technologiques et économiques présentes ;
– réserves exploitables prouvées : tonnage de la précédente rubrique exploitable dans le futur ;
– quantité estimée en place : tonnage potentiel d'extensions non explorées d'un gisement connu ou situé dans un environnement favorable ;
– réserves exploitables estimées : tonnage potentiel raisonnablement exploitable.
Par référence au pétrole et au gaz, on classerait les deux premières rubriques dans les réserves, et les suivantes, dans les ressources.

24. World Energy Council (Conseil mondial de l'énergie), groupant la plupart des pays du monde.

Depuis plus de 30 ans, le BGR allemand[25] présente des rapports sur l'état des ressources mondiales en charbon, à bien distinguer des réserves discutées à la suite. Initialement estimées à 10 000 GtC de houille et d'anthracite (soit l'équivalent de 6 500 Gtep), ces ressources ont fondu et, dans le dernier rapport de 2005, elles ne dépassent guère 4 000 GtC de houille (soit l'équivalent de 2 600 Gtep). Le WEC retient de son côté pour 2002[26] 4 800 GtC de houille, donnée reprise par BP dans son rapport de 2006. Au vu du flou des estimations antérieures évoqué plus haut, cette chute ne surprend pas. Elle est encore accentuée quand on passe de la ressource à la réserve prouvée. Pour le BGR (rapport Wellmer, 2007), la réserve en 2007 serait de 720 GtC ; pour le WEC, ainsi que pour BP (rapport 2008), de l'ordre de 820 à 850 GtC ; pour David Rutledge, du Caltech, en 2008, de 680 GtC, et pour Jean Laherrère, de 1 250 GtC (conférence de Buenos Aires, 2010). C'est donc un chiffre proche de 850 GtC qu'il faut retenir.

Le pic du charbon

Laissant de côté les charbons sub-bitumineux et le lignite, les géologues du BGR, Werner Zittel et Jörg Schindler, s'exprimant au sein du EWG (groupe d'experts indépendants, annexe 2), situent le pic du charbon dès 2020, avec un plateau de production jusqu'en 2040. Ces données convergent avec celles de David Rutledge, du Caltec, qui adopte une approche statistique fondée sur la production passée. Jean Laherrère, se fondant sur l'évolution actuelle des grands producteurs, situe le pic en 2050. Ces données sont compatibles avec, en Chine, un pic attendu en 2025-2030 (estimations indépendantes de Jean Laherrère et Werner Zittel) et, aux États-Unis, un pic en

25. Bundesanstalt für Geowissenschaften und Rohstoffe, plus connu comme le Federal Institute for Geosciences and Natural Ressources de Hanovre.
26. Rapport WEC 2004.

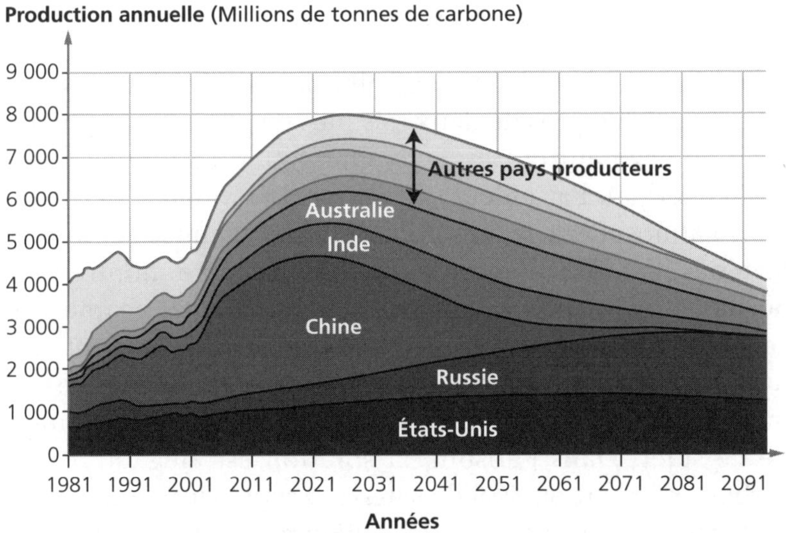

Fig. 2.6. La production mondiale de charbon depuis 1981 et les prévisions d'ici à la fin du XXIe siècle. Pour l'EWG (rapport 2007), la croissance de la production jusqu'en 2020 serait suivie par un plateau. Pour l'IEO (2009) et le WEO (2009), la production connaîtrait une forte croissance jusqu'à un pic en 2030. Voir Annexe 2 pour la signification des sigles. (Source : Höök et *al.*, groupe d'Uppsala, 2010.)

2030-2035, l'épuisement des réserves étant ramené à 100 ans au lieu des 250 ans antérieurement prévus. Ces évaluations américaines ont le mérite d'être parmi les plus fiables. L'EROEI du charbon américain, encore récemment situé entre 50/1 et 85/1, chuterait considérablement d'ici à 2040 selon Charles Hall et son groupe[27]. Seule note discordante et suspecte dans ces révisions drastiques sur l'avenir du charbon, la nouvelle direction du BGR a publié en 2007 un article repoussant le pic en 2 100 ; l'ancienne aurait-elle déplu ?

Il serait déraisonnable de prendre ces prévisions à la lettre. Ainsi, des techniques nouvelles, comme la gazéifaction *in situ*, pourraient ouvrir des possibilités d'exploitation de veines profondes et peu accessibles. Mais il serait plus déraisonnable encore de tabler sur un siècle ou deux de réserves de charbon[28].

27. Charles Hall & *al.*, *Alternative fuels dilemna*, doc. interne.
28. F. Kalaydjian et S. Cornot-Gandolphe, *op. cit.*

Le charbon va manquer, faut-il broyer du noir ?

L'incidence climatique de la combustion du charbon est grave car elle produit près de deux fois plus de gaz carbonique que celle du gaz naturel (respectivement 4 et 2,4 t de CO_2 par tep d'énergie). Par ailleurs, le temps de résidence de ce gaz dans l'atmosphère se mesure en milliers d'années et non en dizaines d'années comme le méthane, ce que montre mon dernier livre[29]. Dans ce même ouvrage, un autre chapitre est consacré à la séquestration, c'est-à-dire l'enfouissement sous terre du gaz carbonique qui aura été émis par la combustion du charbon. De nombreuses recherches traitent actuellement de ce sujet. Dans l'absolu, la solution est élégante car le carbone du charbon, issu de la terre, y serait ainsi renvoyé. En réalité, cette solution se heurte toujours aux sérieux obstacles signalés à l'époque. Le coût énergétique de la séquestration serait de l'ordre de 30 % (il est actuellement de 50 % dans les expériences pilotes), donc très pénalisant. Seul le gaz carbonique issu des grands complexes – comme les centrales électriques, les raffineries, les cimenteries – pourrait être ainsi séquestré, soit seulement 15 % du gaz émis, fraction qui pourrait toutefois doubler d'ici à 2050. Enfin, on ne dispose pas de recul suffisant quant à l'étanchéité des sites de stockage et à un possible retour en surface du gaz carbonique, ce qui annulerait l'intérêt de la séquestration. Une autre solution, celle de la séquestration définitive du gaz carbonique dans la structure de minéraux d'altération des basaltes ou des péridotites, est à l'étude.

L'incidence environnementale et sanitaire du charbon est la plus grave, suivie par celle du pétrole et, loin en dessous, par celle des autres sources d'énergie. Les méfaits bien connus sur les forêts des pluies acides dues au dioxyde de soufre (SO_2) émis par la combustion du charbon tendent à en masquer d'autres, tels que ceux des oxydes d'azote,

29. A. Nicolas (2007), *op. cit.*

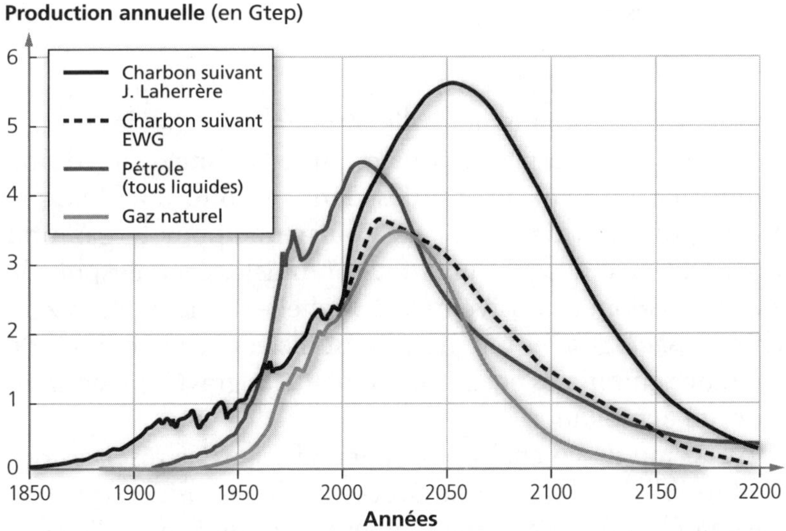

Fig. 2.7. Pic des combustibles fossiles, carburants liquides (brut et liquides non conventionnels ; courbe gris moyen), gaz conventionnel (courbe gris foncé) et charbon (courbe noire) pour des productions mesurées en Gtep/an. (Source : J. Laherrère, www. aspofrance. org, 2010.)

du mercure, de l'arsenic et des éléments radioactifs que la combustion du charbon injecte dans l'atmosphère. À l'échelle mondiale, Bernard Durand[30] estime qu'en ajoutant aux effets sanitaires les décès dans les mines, la pollution des nappes phréatiques, etc., le bilan atteindrait au moins 500 000 morts prématurées par an !

Conclusion

La figure 2.7 reproduit les prévisions les plus récentes de Jean Laherrère pour l'ensemble des combustibles fossiles. Ces données ont été choisies car leur auteur est reconnu comme l'un des meilleurs experts sur ce sujet et parce que ses prévisions, comparées à celles de ses collègues, sont parmi

30. B. Durand (2007), *op. cit.*

les moins pessimistes, quant aux différents pics et volumes de production.

L'actualité en 2010 a permis de relativiser ces prévisions : pour le pétrole, dont la nouvelle frontière est celle des océans profonds, une note pessimiste, suite à l'incendie d'une plateforme en eaux profondes dans le golfe du Mexique et à la pollution des côtes de Louisiane ; pour le gaz non conventionnel, à la fois une note optimiste, avec l'espoir de pouvoir exploiter massivement à l'échelle mondiale le gaz de schistes (*shale gas*), et une note pessimiste, avec la crainte de pollutions chimiques et environnementales graves engendrées par cette exploitation.

Au terme de ce chapitre d'inventaire sur les réserves des combustible fossiles, doit-on préciser qu'une position que l'on pourrait considérer comme tempérée d'optimisme, telle celle adoptée ci-dessus dans le cas du gaz de schiste, reflète la vision d'un futur qui prolongerait le présent autant que faire se peut et quel qu'en soit le coût ultime ? La rupture annoncée dans la seconde partie de ce livre renverse cette perspective et prépare une « sortie par le haut ».

Chapitre 3

Les limites d'une croissance accélérée

« La croissance pour la croissance
est l'idéologie de la cellule cancéreuse. »
Edward Abbey, *Désert solitaire*, 1968

La croissance accélérée qui s'observe depuis le début de l'ère industrielle est bien connue. On se limitera ici à en rappeler les traits majeurs, tous issus de la démographie galopante des 60 dernières années. Le signal du reflux de cette croissance, annoncé par la démographie elle-même, sera donné par la pénurie également annoncée de plusieurs ressources essentielles, à commencer par l'énergie. Paradoxalement, ressource naturelle et combustible recherché, l'uranium devrait échapper à une pénurie prochaine. Les atteintes à la biodiversité, la montée des pollutions de toute nature et le problème des ressources en eau ou en sols cultivables ne sont pas explicitement considérés ici, bien qu'ils soient liés à la pression sur l'environnement, elle-même engendrée par la croissance de la population et de la richesse.

En envisageant l'épuisement de la planète en ressources naturelles, ce chapitre traduit l'inquiétude de nombreux scientifiques et spécialistes des domaines concernés face à l'optimisme de la communauté vaste et influente qui domine la vie publique, celle de nombreux hommes politiques, financiers, économistes, et celle de certains grands médias ou syndicalistes qui n'aspirent qu'à la croissance perpétuelle. Au-delà de l'inquiétude, ce chapitre annonce la fin d'une ère qu'il ne faudra pas regretter.

Une croissance accélérée : démographie, richesse et énergie

Dans les pays développés, la démographie s'est à peu près stabilisée au cours du XXe siècle. Son envolée est principalement le fait des pays en développement et des pays pauvres. Après la Seconde Guerre mondiale, la « révolution verte », portée par le pétrole, est lancée en Inde et dans les autres pays en développement, permettant de nourrir deux fois plus d'hommes et de femmes. Ainsi, la population mondiale, qui, après une quasi-stagnation, avait amorcé une lente croissance avec la révolution industrielle, s'emballe à partir de 1950, passant de 2,5 milliards d'habitants à près de 7 milliards aujourd'hui (voir Fig. 3.5). On observe toutefois dans les dernières années du XXe siècle une inflexion, qui a été attribuée à la baisse de la fécondité féminine et à un essoufflement de la révolution verte, car la situation des terres arables se dégrade, leur surface diminue et l'eau d'irrigation est de plus en plus limitée...[1] Ces effets conjugués, indépendamment de ceux du manque prochain de pétrole, qui seront désastreux, annoncent que la croissance démographique devra rapidement marquer une inflexion supérieure à celle que laisse prévoir la seule baisse de la fertilité féminine.

Plus encore que la rapide croissance démographique mondiale, il convient de considérer celle de la richesse car c'est elle qui pèse de plus en plus sur la vie quotidienne et sur l'environnement de chacun d'entre nous. On met actuellement l'accent sur les risques liés au climat et à la biodiversité. Or ils

1. A. Nicolas (2004), *op. cit.*

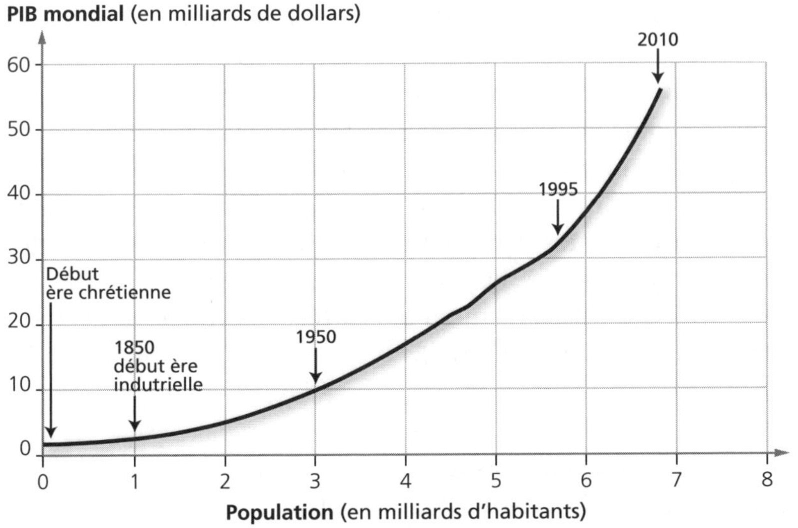

Fig. 3.1. Croissance de la richesse mondiale rapportée à l'augmentation de la population depuis le début de l'ère chrétienne jusqu'à nos jours. La période récente, dans le haut de la courbe, met en valeur l'accélération actuelle de cette croissance. PIB : produit intérieur brut. (Source : J. Laherrère, www.aspo.com, 2010.)

résultent directement de cette croissance de l'enrichissement mondial. La figure 3.1 montre l'envolée de la richesse mondiale. Tant que la population de la planète ne dépassait pas le milliard d'êtres humains, c'est-à-dire jusque vers 1850 et le début de l'ère industrielle, cette richesse était seulement estimée. Elle est mesurée depuis peu par le PIB (produit intérieur brut). Partant de quasiment zéro au début de l'ère chrétienne, ce n'est que vers 1850 que la richesse des nations atteint environ 1 000 milliards de dollars, puis 10 000 milliards en 1950, s'accélérant encore depuis, en passant à plus de 100 000 milliards en 2010 selon le cabinet du conseil en stratégie BCG, qui retient une croissance de 6 %/an.

Avant l'ère industrielle, la croissance de la population et celle du revenu individuel stagnaient, ce revenu s'établissant entre 500 et 600 $/an, soit entre 1 et 2 $/jour, ce qui est aujourd'hui encore le revenu des plus pauvres. En revanche, depuis le début de l'ère industrielle, le revenu individuel moyen a été multiplié par plus de 10 (cette moyenne cachant toutefois d'énormes disparités d'un pays à l'autre). La croissance du PIB mondial dans la même période a été de 50 en raison du facteur multiplicateur de la croissance de la population.

Quant à la croissance de l'énergie, depuis le début de l'ère industrielle, la forte croissance de l'énergie primaire sous ses différentes formes a été surtout portée par celle des combustibles fossiles (Fig. 3.2), et d'abord par celle du pétrole et du gaz, qui s'est vivement accélérée à partir de 1950 (voir aussi Fig. 3.5 pour le pétrole).

Des ressources naturelles moins renouvelables qu'il n'y paraît

Tandis que, dans les pays développés, les besoins de base ne posent aujourd'hui aucun problème, les attentes, sinon les exigences, relèvent de produits élaborés, issus de ressources variées, souvent rares ou difficiles à obtenir. Pour l'autre partie de l'humanité, et surtout dans les pays pauvres, les premiers besoins s'expriment toujours au niveau des ressources renouvelables : nourriture, eau et bois pour le chauffage.

Avant l'ère industrielle, les famines avaient pour effet de réguler la population en fonction de la nourriture disponible, l'eau ne manquait pas, bien qu'étant souvent polluée ou contaminée. Localement, le bois a pu faire défaut, au point d'être, par exemple, accusé de la disparition de la civilisation de l'île de Pâques par Jared Diamond[2]. Aujourd'hui, dans les pays pauvres ou en développement, une partie des habitants mène encore une existence précaire. Avec la révolution verte et les progrès de la médecine, la population a toutefois rapidement crû, ce qui a eu comme effet de compromettre l'équilibre antérieur. On assiste ainsi à la montée actuelle de famines locales et à la pénurie d'eau, qui est pourtant une

2. J. Diamond, *op. cit.*

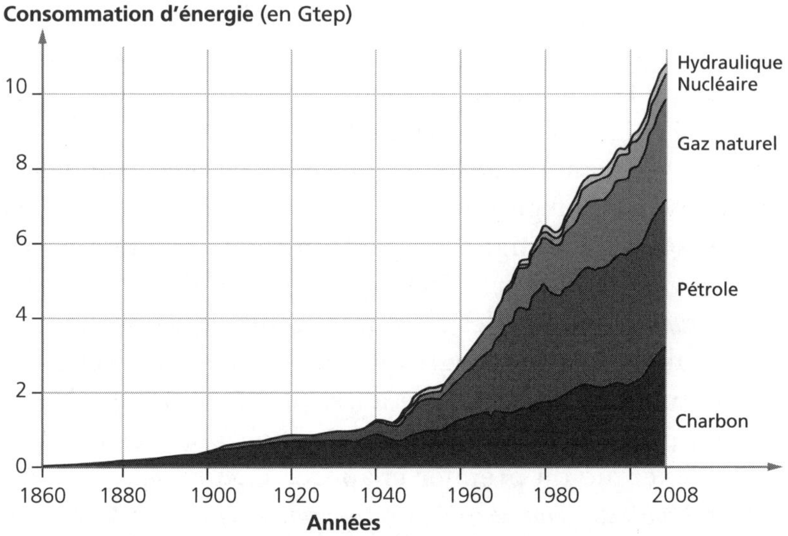

Fig. 3.2. Évolution de la consommation mondiale d'énergie primaire et répartition en fonction des sources. On note la rupture à partir de 1950, due largement au pétrole et au gaz naturel. (Source : AIE, *World Energy Outlook*, 2009.)

ressource stable et qui se renouvelle. La pression anthropique croissante, s'exerçant sur une nature souvent fragilisée, amplifie les difficultés avec l'appauvrissement et l'érosion des sols, ainsi que la pollution de l'eau. Dans un tel environnement dégradé, les ressources élémentaires pour la survie cessent d'être renouvelables. Ainsi, les coupes systématiques de bois épuisent la ressource et exposent les sols à l'érosion.

Les ressources minérales non renouvelables et leurs réserves

Les combustibles fossiles auxquels nous avons consacré le chapitre 2 sont des ressources non renouvelables à échelle humaine (elles se forment en plusieurs millions d'années). De même, les ressources minérales que nous tirons du sous-sol sont par nature non renouvelables, sauf partiellement, par recyclage.

Elles baissent au fil de la production et de l'épuisement des gisements, comme vont le montrer les exemples qui suivent. En vue de l'exploitation d'une ressource géologique, nous avons distingué la ressource de la réserve (voir p. 63) pour préciser les quantités de la substance recherchée. Rappelons qu'au niveau d'un gisement ou d'un ensemble de gisements, « la ressource » désigne la quantité totale estimée et « la réserve » la fraction que l'on espère en extraire.

La transformation des ressources géologiques en réserves exploitables suit les progrès des techniques de recherche et d'extraction, mais relève aussi de l'économie, c'est-à-dire du prix que l'on est disposé à payer pour les extraire. Dans l'exergue du premier chapitre, « *Les ressources ne sont pas un problème. Donnez-moi de l'énergie et je tirerai tout ce que vous voudrez du sol, sinon de l'eau de mer* », Claude Guillemin recentrait très justement le débat sur l'énergie ; ce faisant, notre collègue « bottait en touche », comme dirait un journaliste. Il voulait expliquer qu'un gisement épuisé peut renaître ou que d'autres peuvent le remplacer, si en raison de la pénurie on accepte d'y mettre le prix. Autrement dit, une ressource géologique, quelle qu'elle soit, n'est pas un tas enlevé à la pelle jusqu'à son épuisement. La réserve évolue en fonction du prix consenti pour obtenir la substance recherchée. Rien n'étant gratuit, pour extraire celle-ci d'un gisement plus pauvre, il faudra payer un important surcoût économique, environnemental et énergétique car la consommation d'énergie croît exponentiellement avec l'épuisement des gisements. Or les gisements s'épuisent. Ainsi, en Australie, entre 1880-1900 et 2010, la teneur en métal d'un minerai (voir encadré ci-contre) par rapport à sa gangue stérile a décru d'un facteur 10 pour l'or et l'argent, 8 pour le cuivre et 2 pour le zinc[3].

3. Gavin Mudd, *Monash Research Report 5, 2007.*

Qu'est-ce qu'un minerai ?

Un minerai est une concentration naturelle d'une substance recherchée. La substance est contenue dans une gangue (ou dans un environnement) dite « stérile ». Un minerai est exploité dans un gisement. Parmi les gisements, tout le monde connaît les filons, mais peut-être moins les placers, où, dans un sable brassé par un courant d'eau, le minerai généralement plus lourd a été trié et concentré par gravité. Citons par exemple les placers d'or ou les placers de minéraux lourds contenant par exemple des terres rares (voir p. 79). Les filons, eux, peuvent se former dans des régions enrichies en une ressource minérale par des processus d'origine interne, par exemple le volcanisme de la cordillère des Andes dans le cas du cuivre ou du lithium. L'hydrothermalisme chaud lessivant ces formations le long de failles va y concentrer le cuivre sous forme de filons. Dans le cas du lithium, le lessivage est assuré par les cours d'eau qui le déposent dans de grandes lagunes, épisodiquement transformées par l'évaporation en déserts de sel, les salars. Dans cet exemple, un troisième niveau de concentration intervient avec la diffusion du lithium et sa précipitation dans une couche à faible profondeur.

À tout seigneur, tout honneur : l'or

Découvert au chalcolithique, il y a 6 000 ans, peu après le cuivre, l'or est un métal rare, recherché en raison de ses qualités d'inaltérabilité, de malléabilité et de ductilité, ce qui permet une mise en forme facile. En témoignent les objets raffinés créés dans ce métal jaune et brillant, cela dès plusieurs millénaires avant notre ère. À côté de l'orfèvrerie et de la bijouterie, l'or est recherché en électronique. Bien qu'il soit abandonné comme étalon monétaire, l'or est encore acheté par les banques centrales et par les particuliers comme valeur refuge. Sa cotation en bourse sur une période de quelques années suit, en moyenne, celle du pétrole. Avec le pic du pétrole, l'or a donc de beaux jours en perspective !

On estime que 165 000 t d'or ont été extraites depuis 6 000 ans. La production annuelle est de 2 500 t. Suite à la baisse de la production d'or dans les principaux pays miniers, avec des pics compris entre 1970 et 1998, on admet que le pic de l'or a été atteint en 2001 avec une production annuelle de 2600 t et que, cumulée, la production ultime serait de 250000 t. En 2009, la production a baissé de 10 %, baisse compensée par le recyclage et le solde positif des ventes sur le marché financier.

L'argent

Petit frère de l'or, de fait découvert après lui, il y a 5500 ans, l'argent est un métal précieux utilisé depuis l'Antiquité comme monnaie ou en bijouterie pour sa rareté et ses propriétés mécaniques. Actuellement, ses propriétés physiques et chimiques sont également mises à contribution en photographie, en électronique – où il est considéré comme le meilleur conducteur électrique – et récemment en nanotechnologie – où l'on exploite ses propriétés bactéricides.
Environ la moitié de la production d'argent provient de mines qui lui sont propres, l'autre moitié de mines métalliques dont il est un sous-produit. La production atteint 20000 t annuelles, complétée par 5000 à 6000 t d'argent recyclé[4]. La production cumulée serait aujourd'hui de l'ordre de 1 à 2 Mt. L'argent présente une courbe de production annuelle passée et prévisionnelle qui est proche de celle de l'or, avec un pic de production vers 2015, soit un décalage d'une quinzaine d'années (voir Fig. 3.5).

Le cuivre

Premier métal à avoir été utilisé par l'homme, le cuivre a donné son nom à la période chalcolithique (*chalcos* signifie « cuivre » en grec) et à l'île de Chypre (du latin *cuprum*, « cuivre »), où quelques-unes des premières mines furent exploitées. Ce métal possède des qualités éminentes, en particulier comme conducteur électrique. Son prix étant élevé, il est recyclé pour un tiers de l'offre, parfois frauduleusement quand il fait l'objet de vols sur les chantiers ! La production mondiale de cuivre atteint 15 Mt par an, en augmentation de 0,575 Mt par an. Elle pourrait plafonner

4. Deutsche Bank, *The Peak Oil Market*, rapport interne, 2009.

en dessous de 20 Mt par an vers 2015 avant de décroître, selon un scénario qui serait très comparable à celui du pic du pétrole, estime le Groupe international de recherche sur le cuivre dans un rapport de 2008. Matthew Holcz, responsable du cuivre de la compagnie Rio Tinto, qui en est le troisième producteur mondial, estimait en 2010 que si la demande continue de croître au rythme de 5 % par an, elle conduira à une pénurie en 2020. Un signe avant-coureur de ce pic est l'annonce que l'extraction aurait plafonné en 2008 au Chili, premier producteur (avec un tiers de la production mondiale). La situation des deux tiers des mines d'autres pays serait proche de celle-ci. Le minerai exploité est de plus en plus pauvre. Ultime ressource : les vastes réserves de cuivre localisées au fond des océans, sous forme de nodules métalliques. Mais le coût d'extraction risque d'être encore longtemps dissuasif.

Le zinc

On ne dispose pas de données précises sur le pic de production du zinc, mais la situation est telle que ce métal serait à ranger dans la catégorie des « espèces en voie de disparition ». Mis à part des usages spécifiques, comme en chimie et en pharmacie, le zinc entre principalement dans la composition d'alliages : laiton avec le cuivre, bronze avec le cuivre et l'étain, et surtout acier galvanisé, qui consomme près de 50 % de sa production. Cet usage est essentiel : sans la galvanisation, les gratte-ciel d'avant-guerre seraient déjà effondrés. En effet, un mince dépôt de zinc protège l'acier de la rouille, qui, sinon, le corroderait rapidement. La production de zinc était en 2008 de 11,3 Mt, soutenue par un taux de recyclage d'environ 30 %, taux qui pourrait encore augmenter. Le marché est dominé par la Chine, premier consommateur et premier producteur, ce qui ne l'empêche pas d'importer du zinc. La ressource serait de 1,9 Gt, et les réserves exploitables de 180 Mt. Rapporté à la consommation actuelle, ce dernier chiffre permet de prévoir l'épuisement de ces réserves vers 2025 et par conséquent un pic de production avant cette échéance. Cependant, pic et ultime production seraient sérieusement différés si les réserves dites «raisonnables», atteignant 480 Mt, se transformaient en réserves prouvées.

Le lithium, un métal d'avenir ?

C'est le métal le plus léger ; il est mou, de couleur grise, instable et inflammable. Il est utilisé en médecine et en chimie pour ses propriétés réactives, et dans diverses industries comme celles du verre, des céramiques et des alliages, en particulier avec l'aluminium dans les avions pour sa légèreté. Il présente aussi de remarquables propriétés électrochimiques, qui en font une vedette pour les concepteurs de batteries d'appareils portables (ordinateurs, téléphones...) et de batteries de voitures hybrides et électriques. Cet usage change la donne car les besoins passent de 8 g de lithium dans une batterie d'ordinateur à environ 1 kg dans la batterie de 100 kg d'une petite voiture électrique. Pour prendre la mesure de cet enjeu, qui est celui des transports terrestres suite au *peak oil*, il faut imaginer que nous allons peut-être devoir échanger le milliard de voitures présentes sur Terre actuellement contre le même nombre de voitures électriques en quelques dizaines d'années au plus. Ne compare-t-on pas déjà le Chili, la Bolivie et l'Argentine, riches de leur lithium, au Moyen-Orient et à son pétrole ?

Le lithium, jusqu'ici extrait d'un minéral peu commun, le spodumène, dont les réserves sont estimées à environ 8 Mt[5], est désormais principalement recherché dans de grands déserts de sel en altitude (Tibet, cordillère des Andes) créés par le lessivage des sommets volcaniques les dominant (voir plus haut l'encadré «Qu'est-ce qu'un minerai ?»). Une pré-concentration naturelle livre une saumure à moins de 0,5 % de lithium, qui est ensuite purifiée en un carbonate ou un chlorure de lithium à 99 %. En vue des applications aux batteries, ce carbonate de lithium doit atteindre une concentration en lithium de 99,95 %, au prix d'un nouveau raffinage.

5. K. Evans, *Lithium in Abundance, Energy, Vol.3/3,* 2008.

Les réserves en lithium sont l'objet d'une bataille féroce entre ceux qui prévoient une rupture dans l'approvisionnement à partir de 2015-2020 et ceux qui estiment que l'on pourrait aussi bien l'extraire de l'eau de mer. À côté du Chili, la Bolivie, qui détiendrait 50 % des réserves mondiales, pourrait devenir le premier producteur de lithium. Les réserves varieraient pour certains entre 11 Mt[6] et 29-30 Mt[7]. Pour d'autres, elles sont comprises entre 4 Mt[8] et 6,2 Mt[9] seulement, avec une dépréciation majeure des réserves boliviennes ; compte tenu d'une croissance de 25 % par an de la demande pour les batteries portables, la pénurie concernant les voitures électriques apparaîtrait alors dès 2015. Cette analyse paraît bien pessimiste. On préfère rappeler que le lithium étant un élément abondant sur Terre – le 11ᵉ avant le plomb –, il ne devrait pas manquer avant longtemps ni entraver la montée en puissance des voitures électriques[10].

Les terres rares et éléments « en traces »

Les éléments dits « en traces » – gallium, germanium, indium, sélénium, tantale… – ont une concentration moyenne dans la croûte terrestre inférieure à 1/10 000ᵉ. On les associe ici aux terres rares, 17 éléments qui sont groupés dans la classification de Mendeleiev du n° 57, le lanthane, au n° 71, le lutétium, qui ne sont pas tous rares et qui, partageant des propriétés communes, offrent des possibilités de substitution d'un élément à l'autre. Ils sont très recherchés pour divers usages dans des applications technologiques en plein développement, comme les ordinateurs, les téléphones portables, les panneaux photovoltaïques, les écrans de télévision, les ampoules basse tension, les piles à combustible, les lasers, la catalyse, les verres et les alliages industriels, les nanotechnologies… La demande annuelle en terres rares s'est établie en 2010 à

6. D'après l'USGS.
7. K. Evans, *op. cit.*
8. William Tahil, « *The trouble with lithium* », Report, *Meridian Intern. Res.*, 2007.
9. www.lithium-stocks.net
10. www.sauvonsleclimat.org, 16 octobre 2008.

115 000 t et sera probablement de 185 000 t en 2012. Elle ne cessera de se développer, ainsi que celle d'éléments en traces, dont on découvrira les vertus dans le futur.

Ne disposant pas d'un recul significatif sur les productions passées, il est difficile de porter quelque diagnostic quant à l'évaluation des besoins et des réserves des terres rares. La production actuelle souligne la dépendance du monde vis-à-vis de la Chine, qui a réalisé 97 % des exportations de ce groupe d'éléments en 2010 et qui, au second semestre de 2010, a réduit ses exportations de 72 %, étranglant la concurrence et vendant sa production 10 fois plus cher qu'en 2000. Selon l'USGS, ce pays détiendrait plus du tiers des réserves mondiales, le reste étant surtout partagé entre la Russie, les États-Unis, l'Australie et l'Inde.

La demande ne cessera pas de croître, multipliée par 10 ou 20 pour certains éléments d'ici à 20 ans. Quand la substitution par un autre élément chimique n'est pas possible, la seule issue est celle du recyclage à partir des innombrables décharges. Pour James Clark, directeur d'un groupe de chimie verte à l'université de York (Royaume-Uni), la voie « douce » et bon marché, par les plantes ou les bactéries qui absorbent sélectivement l'élément recherché, est souvent plus efficace que la voie industrielle. La voie choisie par l'entreprise allemande Loser Chemie est le recyclage après récupération sélective d'ampoules basse tension ou de panneaux solaires : 10 tonnes de matériaux recyclés permettent de récupérer 2 kg de métaux rares.

Et les autres éléments minéraux ?

L'uranium est traité ci-après. Évoquons ici quelques autres éléments parmi les plus critiques. Certains, comme le fer ou l'aluminium, jouent un rôle majeur, mais leurs réserves sont très importantes. Dans le cas de l'aluminium, une crise pourrait toutefois apparaître car sa métallurgie est particulièrement gourmande en une énergie qui pourrait faire défaut, celle du pétrole (voir p. 29). Un cas un peu à part est celui des éléments précieux de la famille du platine (platine, palladium, iridium, rhodium...), surtout utilisés comme catalyseurs en chimie et dans les véhicules diesels. Or, avec la crise du pétrole, on pourrait basculer vers des véhicules électriques et hybrides, au détriment du diesel. Une demande potentiellement forte pour le platine était aussi attendue des piles à combustible, dont l'avenir reste incertain. Dans ce domaine de la catalyse, la recherche pour trouver des substituts à ces métaux précieux est aussi très active. Si l'on devait revenir aux utilisations traditionnelles, la production future de ces éléments et de leurs substituts pourrait satisfaire la demande.

Pour conclure sur les substances minérales, contrairement aux incantations lénifiantes des économistes conventionnels[11], on peut prévoir que, spontanément ou non, le pic de nombre d'entre elles tendra à coïncider avec celui du pétrole (Fig. 3.3).

11. Banque mondiale, *Global Economic Prospects,* 2009.

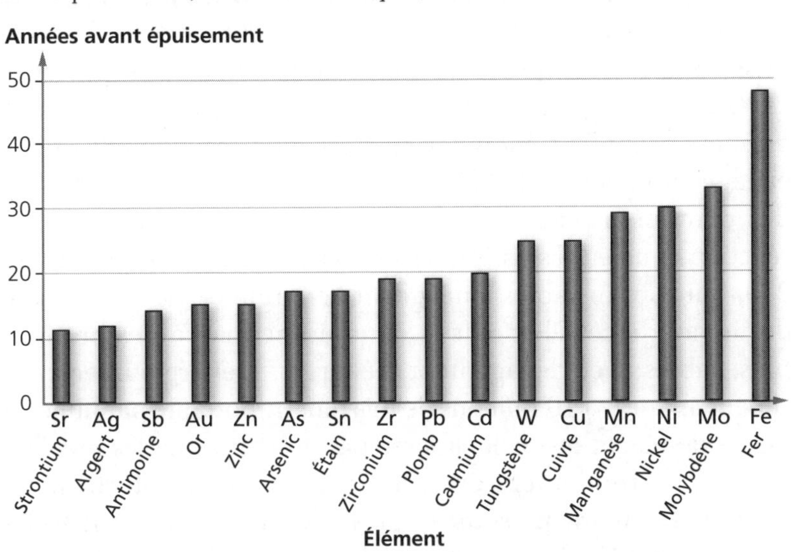

Fig. 3.3. Estimation du nombre d'années à partir de 2009 avant l'épuisement d'un certain nombre d'éléments dans l'hypothèse d'une croissance de la production de 2 % par an. Ne pas confondre ces échéances avec le pic de production, qui évidemment précède l'épuisement. (Source : André Diederen, *Metals, minerals scarcity,* Report TNO Defence, Security&Safety, Pays-Bas, 2009.)

En effet, on attend qu'avec ce pic le prix du pétrole flambe : alors, l'énergie devenant plus chère, l'exploitation de gisements déjà appauvris deviendra encore plus onéreuse. Le prix de certaines substances pourrait atteindre des sommets dissuasifs, encourageant un recyclage plus efficace. La recherche sera sollicitée pour trouver des produits de substitution aux éléments défaillants. Richard Heinberg, célèbre journaliste américain, développe cette analyse et tend à la généraliser à certaines ressources dites « renouvelables » et néanmoins en cours d'épuisement[12].

Le cas particulier de l'uranium

Les combustibles nucléaires sont, comme les hydrocarbures et le charbon, des ressources énergétiques naturelles pour lesquelles s'appliquent dans les mêmes termes les notions de « réserves » et de « pénurie ». On pourrait ajouter que la physique mise en jeu pour produire de l'énergie nucléaire présente certaine analogie avec celle des combustibles fossiles. Ces derniers tirent leur énergie d'une réaction avec de l'oxygène, engageant l'énergie de liaison entre les éléments et produisant des composés plus stables, l'eau et le gaz carbonique. Les réactions nucléaires fissionnent l'uranium 235 et le plutonium 239, qui sont instables, engageant l'énergie de liaison au sein du noyau de ces éléments et conduisant aussi à des produits plus stables avec dégagement d'énergie. L'énergie libérée est cependant de 1 à 10 millions de fois plus importante par unité de masse de réactif que celle libérée par les combustibles fossiles.

Ainsi, à rendement égal, avec une centrale électrique à charbon de même puissance, soit 1 GW, un réacteur nucléaire consomme 1 kg d'uranium enrichi contre 2 500 t de charbon pour la centrale. Nous ne considérons ici que les réacteurs

12. R. Heinberg, *Peak Everything : Waking up to the Century of Declines,* Global Public Media, 2007.

nucléaires qui produisent de l'énergie par fission de noyaux d'atomes lourds. Le rendement final de la transformation de la chaleur du combustible en électricité est d'environ 1/3. Il y avait en 2009 dans le monde 434 réacteurs nucléaires, et 40 autres en construction. Le regain d'intérêt pour le nucléaire – récemment brisé par l'accident majeur de la centrale nucléaire de Fukushima-Daiichi (accident de niveau 7, le plus grave depuis la catastrophe de Tchernobyl) ; voir la discussion plus loin – s'exprimait par le fait que près de 300 projets étaient en préparation. La puissance installée passerait alors de 372 GW à environ 600 GW en 2030, et la consommation d'uranium de 70 000 à 120 000 t.

Le projet de ce siècle est de mettre au point des centrales qui produiraient de l'énergie par fusion de noyaux d'atomes légers, comme le font les étoiles et, en particulier, notre soleil. Plus puissantes encore et moins polluantes, elles nous assureraient la maîtrise de l'énergie pour… des siècles et des siècles. Ce projet aboutira-t-il ? Rien n'est moins sûr encore aujourd'hui.

L'encadré ci-dessous précise l'origine du métal uranium et de sa transformation en combustible. Il est inspiré, une nouvelle fois, des ouvrages de Bernard Durand[13], particulièrement documentés sur ce sujet.

L'uranium et le combustible nucléaire, carte de visite

Les gisements d'uranium sont d'une grande variété. L'uranium forme des composés solubles en milieu oxydant et donc dans les eaux douces de surface, riches en oxygène dissous. Ces eaux lessivent les traces d'uranium contenues surtout dans les granites et les déposent dans des milieux dépourvus d'oxygène, où l'uranium précipite en formant des composés insolubles pouvant se concentrer en gisements exploitables. La pechblende, minerai d'uranium le plus connu, forme environ 50 % des réserves mondiales. Après son extraction, le minerai d'uranium est dissous dans de l'acide sulfurique, puis extrait de la solution sous forme d'oxyde et concentré en une poudre jaune, le « *yellow cake* », contenant au moins 75 % d'uranium métal.

13. B. Durand (2007, 2009), *op. cit.*

> L'uranium naturel est composé d'un isotope stable, l'uranium 238, qui représente 99,27 % de sa masse, et de deux isotopes radiogéniques, dont l'uranium 235. Ce dernier, bien que ne représentant que 0,72 % de la masse de l'uranium naturel, est pourtant la source d'énergie, car c'est lui qui subit la réaction de fission. Cette réaction suppose une phase d'enrichissement en uranium 235, la concentration initiale en cet isotope étant trop faible pour entretenir une réaction en chaîne. La concentration est actuellement surtout menée par centrifugation. On peut également enrichir l'uranium naturel en le mélangeant avec du plutonium 239, ou avec un mélange d'uranium 235 et de plutonium 239. On parle alors de combustible MOX, dérivé du retraitement de l'uranium « brûlé » par les centrales.

La consommation mondiale d'uranium naturel métal étant de l'ordre de 70 000 t par an, elle est l'équivalent en énergie primaire de 700 Mtep. La production des mines en 2007 n'a représenté qu'environ 40 000 t, le reste provenant du recyclage de stocks civils ou militaires. Les principaux pays producteurs, représentant 80 % de la production mondiale, sont actuellement le Canada, l'Australie, le Kazakhstan, le Niger, la Russie et la Namibie.

Le débat sur le pic de l'uranium est complexe pour deux raisons principales. La première est que le prix de l'uranium intervient selon les évaluations entre 5 % et 20 à 30 % dans le prix du KWh à la sortie d'une centrale nucléaire, contre 50 à 60 % pour le charbon et 75 à 80 % pour le gaz[14]. Il existe ainsi une marge importante d'augmentation acceptable du prix de production de l'uranium. On pourrait par conséquent exploiter de façon rentable un minerai ayant une moindre teneur en uranium. Conséquence : les réserves estimées pourraient augmenter. La seconde raison est que l'on espère avant la moitié de ce siècle l'arrivée des surgénérateurs et des réacteurs au thorium, plus propres et qui pourraient multiplier jusqu'à 400 fois le rendement du combustible uranium. La question serait alors de savoir si une pénurie peut survenir avant ce relais espéré en 2050.

14. Pierre Papon, *L'énergie à l'heure de choix,* Belin, 2007.

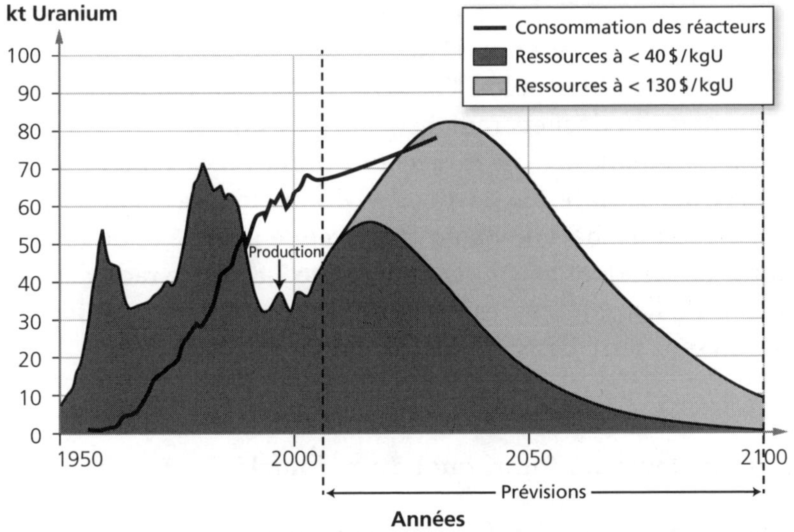

Fig. 3.4. Évolution de la production d'uranium de 1950 à 2006 et prévisions d'ici à 2100. Comme pour toutes les ressources, l'évolution de la production d'uranium dépend du prix que l'on est prêt à payer pour l'obtenir. Au-delà de 2006, deux scénarios sont envisagés : soit le maintien d'un prix inférieur à 40 $/kg, soit un prix pouvant aller jusqu'à 130 $/kg. Dans ce dernier cas de figure, où le prix élevé a multiplié les réserves, la production devient compatible avec la courbe de la consommation prévue par le WEO (World Energy Outlook, voir Annexe 2). (Source : AIE, rapport 2006.)

À un prix inférieur à 40 $ le kilo, les réserves correspondent à l'équivalent de la production passée, ce qui est le signe théorique du pic (voir Fig. 2.2a). Toutefois, si l'on exploite une tranche suivante de minerai plus pauvre, à 80 $/kg, les réserves pourraient durer jusqu'en 2020. Elles iraient jusqu'en 2040 au prix de 130 $/kg (Fig. 3.4). Nous venons de voir qu'actuellement le faible prix du combustible dans la fourniture énergétique légitime cette démarche.

Les déchets nucléaires

La France est le pays industrialisé qui a la plus forte proportion d'électricité d'origine nucléaire (plus de 80 % de sa production totale d'électricité). Le volume des déchets nucléaires produits en France s'élevait en 2007 à 1,1 Mm^3 et il devrait atteindre le double en 2030 selon l'ANDRA (Agence nationale pour la gestion des déchets radioactifs). À plus de 95 %, il s'agit de déchets de faible activité et de courte durée de vie entreposés en surface dans l'Aube, où devrait s'ouvrir un nouveau site en 2019. Quant aux déchets de haute et moyenne activité et de longue durée de vie, dont le volume représente 3,8 % et la radioactivité 99,9 % de l'ensemble des déchets, ils pourraient être enfouis à 500 m sous terre dans la Meuse à partir de 2025[15].

Les réacteurs du futur, quel avenir nucléaire ?

Nous ne considérons ici que les générateurs qui représenteront une rupture avec les réacteurs actuels, dits « de deuxième génération ». Les réacteurs de troisième génération, les EPR (*European Pressurized Reactor*), dont les premiers seront bientôt en service (à Cherbourg et en Finlande), sont identiques dans leur principe aux réacteurs actuels, mais améliorés en termes de sécurité (double enceinte), de rendement et de puissance (accroissements respectifs de 17 % et de près de 50 %). Le volume des effluents et déchets serait, d'après les concepteurs de ces réacteurs, réduit de 30 %.

Ultérieurement, dans les filières « de quatrième génération », celle des surgénérateurs, on utiliserait de l'uranium naturel ou du thorium, élément plus abondant que l'uranium. Les surgénérateurs à l'uranium naturel donneraient indirectement accès au potentiel énergétique de l'uranium 238 qui, dans l'uranium naturel, est 138 fois plus abondant que l'uranium 235, le combustible actuel. Il faut cependant disposer, pour amorcer l'activation de l'uranium 238, d'une grande quantité de plutonium, que l'on pourrait puiser dans le plutonium militaire, disponible grâce au désarmement. On estime que

15. Voir A. Nicolas (2004), *op. cit.*

ces surgénérateurs permettraient de multiplier par plus de 60 l'énergie que l'on peut produire par rapport aux réacteurs actuels. Ils brûleraient aussi une partie des déchets les plus toxiques.

Le thorium fournirait une autre piste pour l'avenir, avec un surgénérateur possédant deux intérêts majeurs : il produirait beaucoup moins de déchets qu'un surgénérateur à base d'uranium 238, tout en bénéficiant de réserves de thorium 4 à 5 fois plus abondantes que celles d'uranium 238. On obtiendrait ainsi, en cumulant avec les possibilités offertes par l'uranium, environ 300 fois plus d'énergie qu'avec les réacteurs actuels, pour une quantité de déchets moindre. En fait, cette multiplication des réserves d'énergie grâce aux surgénérateurs pourrait bien être plus importante encore, car il deviendrait possible (avec des EROEI encore très favorables) d'utiliser des minerais beaucoup plus pauvres qu'actuellement, et pourquoi pas l'uranium dissous dans l'eau de mer ! Certains pensent qu'un facteur 1 000 pourrait être atteint.

Vers 2050, avec les développements de réacteurs de quatrième génération succédant à celles du type EPR, le nucléaire pourrait prendre le relais des combustibles fossiles et devenir un acteur majeur de l'approvisionnement énergétique mondial. Cette perspective soulève bien sûr des débats.

Le beurre et l'argent du beurre

Au moment du retour au premier plan de l'énergie nucléaire, 25 ans après la catastrophe de Tchernobyl, celle de Fukushima-Daiichi – d'une égale gravité – nous rappelle opportunément que l'énergie nucléaire présente des risques gravissimes. Ainsi, au-delà de l'émotion du moment, doit s'ouvrir un débat planétaire car le risque nucléaire n'est pas circonscrit au lieu où se produirait un accident. Les termes de ce débat sont simples. Devons-nous construire de nouvelles centrales suivant les plans élaborés avant Fukushima, quitte à imposer les normes de sécurité contraignantes et onéreuses dictées par le retour d'expérience de la catastrophe japonaise, signant ainsi la fin du nucléaire *« low cost »* ? Devons-nous, au contraire, totalement bannir cette source d'énergie, qui disparaîtrait avec la fermeture progressive des centrales nucléaires les plus anciennes ? Pour éclairer ce choix, il convient d'en mesurer les conséquences : soit vivre avec le risque, certes mieux maîtrisé mais inhérent au nucléaire, celui d'un dragon qui ne cherche qu'à s'échapper, soit accepter un mode de vie très difficile car, au-delà de la maîtrise de l'énergie et du développement massif des énergies renouvelables, avec la pénurie prochaine des combustibles fossiles, le compte énergétique sera loin d'y être, comme nous le verrons dans la seconde partie de ce livre.

Comment expliquer la folle croissance depuis 1950 ?

Toutes les courbes mesurant la croissance s'envolent à partir de 1950 en suivant des trajectoires proches (Fig. 3.5) : celle de la population (qui a plus que doublé), celle de la richesse (qui a été multipliée par 10) et celle des indicateurs de consommation en ressources non renouvelables qui ont été retenus (y compris les combustibles fossiles, objet du précédent chapitre). Quelle en est la cause ? Plusieurs facteurs multiplicateurs ont contribué à cette folle croissance : la science et la technologie soutenues par l'éducation plus répandue ; la paix mondiale, certes relative, par rapport à la première partie du XXe siècle, comme le montre Fareed Zakaria[16]. Cependant, le pétrole ainsi que le gaz naturel sont de plus en plus considérés comme les causes principales de la croissance et de son accélération depuis la Seconde Guerre mondiale.

On peut s'en convaincre à partir du point suivant, introduit dans le premier chapitre : l'énergie est au centre de tout et le

16. F. Zakaria, *op. cit.*

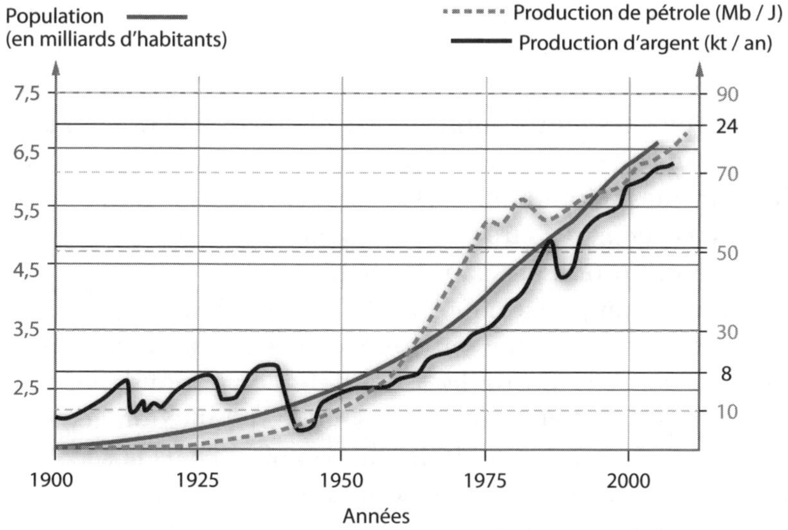

Fig. 3.5. La croissance récente de la population mondiale, de la production de pétrole et d'argent Le parallèle entre la croissance de la population et celui de la production des ressources mentionnées est frappant.

pétrole, aujourd'hui plus que jamais, domine les autres énergies. Avant l'industrialisation, la croissance démographique était fondamentalement contrôlée par la nourriture disponible. C'est encore vrai aujourd'hui grâce au pétrole, principal acteur de la révolution verte, qui a nourri les pays en développement (voir p. 27). La fécondité des femmes, qui règle la démographie, baisse avec le développement, comme en témoigne la fertilité très élevée des pays pauvres par rapport aux pays riches[17]. Elle apparaît donc ici plus comme une conséquence qu'une cause. Enfin, l'enrichissement général, qui, chevauchant la courbe de la démographie, explique l'emballement de la croissance, c'est aussi le pétrole, dont nous admettons qu'il entre pour 50 % dans l'augmentation du PIB mondial (voir p. 30).

Notons une première dans l'histoire de l'humanité : le XXe siècle, déjà marqué par la plus forte croissance

17. A. Nicolas (2004), *op. cit.*

démographique jamais enregistrée, s'est clos sur la première inflexion de cette croissance, annonciatrice d'un futur mieux contrôlé. Cette inflexion est aussi une tendance perceptible sur les courbes des autres indicateurs. Elle est révélatrice d'une planète qui s'essouffle et qui peine à assouvir les demandes des hommes. Comment sortir de l'ornière consommation-croissance avant d'y être complètement embourbé ? Quelques pistes seront proposées dans le chapitre 6.

Ainsi, par rapport à la morne plaine antérieure, les piémonts de la croissance actuelle ont coïncidé avec l'entrée dans l'ère industrielle. À la fin de la Seconde Guerre mondiale, une nouvelle pente s'est amorcée, très raide. L'inflexion actuelle du relief annonce la proximité du sommet. Dans la seconde partie de ce livre, nous scruterons les nouveaux paysages qui s'ouvrent pour nous engager sur les sentiers sans doute escarpés de la descente.

Chapitre 4

Les prévisions divergentes des économistes et des géologues

« L'unique fonction des prévisions économiques est de rendre plus respectable l'astrologie. »
John Kenneth Galbraith, économiste

Ce court chapitre vise à démonter et à dénoncer la mécanique par laquelle les économistes conventionnels, groupe dominant et influant, contestent les conclusions de la majorité des géologues, pétroliers indépendants, experts de l'énergie ainsi que celles de nombre d'économistes non conventionnels quant aux limitations et aux pics de production à venir des ressources naturelles non renouvelables, tout particulièrement du pétrole. Ces deux communautés sont de cultures fort différentes, mais leur antagonisme s'explique aussi par le regard qu'elles portent sur ces ressources. L'objet d'étude des géologues est « *beneath ground* », dans le sous-sol, puisque c'est là que gît la ressource, tandis que l'objet des économistes conventionnels est « *above ground* », au-dessus du sol, là où s'exerce l'activité humaine. Pour ces derniers, ladite ressource est présente sous terre en quantité indéfinie, son exploitation et sa production dépendant de facteurs économiques, politiques, ou accidentels comme les conflits, les désastres naturels, etc. Cette thèse est soutenue par le prix Nobel d'économie 1987, Robert Solow qui, dans son discours de récipiendiaire, déclare : « *La croissance dépendant d'autres facteurs, essentiellement le progrès technologique,* [...] *le monde peut, en fait, se passer des ressources naturelles.* » Il est vrai qu'une telle position est dénoncée par un autre économiste, également prix Nobel (en 2008), Paul Krugman, déclarant à propos de la crise de 2008 : « *Au cours des 30 dernières années, l'économie a été au mieux spectaculairement inutile, au pire carrément nuisible.* »

Le débat est d'autant plus nécessaire que la thèse ici illustrée par Robert Solow, peut-être en raison de son optimisme quant à une croissance quasi perpétuelle, est retenue par la majorité des dirigeants, qui ont, de fait, les yeux fixés sur le baromètre de la croissance. Le journaliste Richard Heinberg livre sur ces sujets une analyse complète[1]. Une illustration de l'influence de ces thèses économiques, aux implications majeures sur le changement climatique, est apportée dans le chapitre 7, où nous verrons que la communauté scientifique des climatologues s'est aussi laissée abuser.

Dans l'enchaînement des crises évoqué dans ce livre, avant d'aborder celle du pétrole, examinons la crise financière de septembre 2008 et ses ressorts tendus par l'incurie financière. Dans son déclenchement, on peut déjà déceler la « patte » du pétrole, annonciatrice de futurs désordres financiers. Dans les prolongements actuels de cette crise, on assiste impuissant à la résurgence des mêmes pouvoirs aveugles. Est-il utile de le rappeler ?

La crise financière de 2008, une crise de croissance ?

Selon Daniel Cohen[2], professeur d'économie à l'École normale supérieure, le bien-être n'est pas dans la possession de richesse, mais dans l'anticipation de l'augmentation de cette richesse,

1. R. Heinberg (2008), *op. cit.*
2. D. Cohen, *op. cit.*

c'est-à-dire dans la croissance, le « toujours plus ». Traduit à l'échelle d'une nation, cela signifie que le bien-être n'est pas dans le niveau du produit intérieur brut (le PIB), mais dans son taux de croissance. Ainsi, le bien-être d'un pays pauvre doté d'une croissance rapide apparaitraît supérieur à celui d'un pays riche à croissance nulle. On peut trouver ici la cause de la première préoccupation des gouvernements des pays riches qui, soucieux de leur popularité, ne quittent pas des yeux le baromètre de la croissance. Or pour de nombreuses raisons, parmi lesquelles la délocalisation et le transfert de richesses vers les pays en développement, le vieillissement de la population, l'épuisement et le renchérissement des ressources naturelles, la croissance dans les pays riches ralentit drastiquement et tend vers une « croissance zéro ». L'exigence d'une croissance positive est donc satisfaite par le recours à l'emprunt, emprunt public s'exprimant par le déficit de l'État, et emprunts privés de toute nature auprès des banques. C'est cet engrenage, ajouté à la cavalerie financière des banques, qui a été à l'origine de la crise financière de 2008[3]. Cette dernière a évolué en crise économique en même temps que les banques se déchargeaient de leurs créances douteuses sur les banques centrales des pays développés. Mise en perspective historique par Jacques Attali[4], cette dette dite « souveraine » devient insupportable. Faute de mesures radicales, elle pourrait emporter dans une faillite générale d'abord l'économie des pays riches les plus vulnérables, contaminant ensuite les plus solides et finalement touchant les pays en développement.

Crise financière et prix du baril de pétrole

La crise financière de 2008 apparaît de prime abord comme le contrecoup d'un emballement de la croissance. Mais elle

3. P. Arthus et M.-P. Virard, *Le Capitalisme est en train de s'autodétruire*, La Découverte, 2005.
4. J. Attali (2010), *op. cit.*

est plus complexe. Ainsi, elle s'est déclarée alors que le baril de pétrole atteignait son prix le plus élevé, à près de 150 $, ayant doublé entre 2007 et 2008. Il y a peut-être plus qu'une coïncidence. Nous allons y revenir.

Les causes financières et économiques de la crise de 2008 sont bien connues, fondées sur l'ouverture de crédits sans garanties de solvabilité, les «subprimes» de l'immobilier américain, transformées en titres par les banques – «titrisées» afin d'en masquer l'origine douteuse – puis répandues sur le marché mondial, où on les retrouve sous la forme d'émissions intégrées dans des «produits dérivés» de plus en plus dérivés, d'origine de plus en plus obscure et, pourtant, de plus en plus rapidement rentables car portés par la spéculation. En 2008, avec la caution et la participation des plus grandes banques, les risques sont assumés dans l'euphorie au regard de gains rapides et monstrueux. En effet, les économistes les plus écoutés l'affirment, le marché se régule de lui-même, opinion partagée par les autorités de régulation, qui, par conséquent, ne régulent rien. Le grain de sable qui arrêta cette belle mécanique fut l'incapacité de nouveaux propriétaires d'assurer le paiement de traites de plus en plus élevées (nous verrons pourquoi), tandis que s'effondrait la valeur de leur maison et la garantie sur ce bien.

Ce que le monde des affaires voulait ignorer, c'est que la richesse qu'il créait était virtuelle, détachée de toute contrepartie physique. C'est aussi pourquoi cette crise paraît sérieuse car elle révèle un mal qui va en s'aggravant depuis le 15 août 1971, quand le dollar fut dévalué, renonçant à sa parité avec l'or, valeur matérielle par excellence et, historiquement, première monnaie qui s'est substituée au troc. Depuis, l'écart n'a cessé de se creuser entre les valeurs en biens de toute nature et la monnaie qui est censée les représenter, encouragé par la dérégulation voulue par le président américain Ronald Reagan. Ainsi, le PNB, mesure de la valeur matérielle, et l'indice Dow Jones de la bourse de New York, mesure de la valeur virtuelle, coïncidaient jusqu'en 1971, quand le dollar était encore convertible en or. Lors de la crise de 2008, le niveau de la valeur virtuelle a grimpé jusqu'à 4 fois celui de la valeur matérielle, pour retomber en 2009 à 2,5 fois[5]. De fait, Yann Moulier-Boutang – professeur d'économie politique à l'Université de Compiègne qui analyse de façon claire et complète le développement de la crise de 2008 – ancre les origines de cette crise au début des années 1970, quand le dollar décroche de l'or et que l'OPEP déclenche la crise du pétrole[6].

Le système fonctionne avec la complicité de certains et l'inconscience d'autres. La monnaie virtuelle gagnée est convertible en valeurs matérielles tant qu'un enfant assistant au défilé ne s'exclame pas en public : *« Mais, le roi est nu ! »*[7] Par précaution et instinct grégaire, un groupe important se retire aussitôt du marché. Ne parvenant pas à matérialiser des gains requérant des valeurs supérieures à celles qui existent, le marché s'effondre, comme cela s'est produit en septembre 2008. Ce système financier fondé sur la croissance perpétuelle et donc virtuelle est ce que l'on appelle une « pyramide de Ponzi ». Il ne date pas d'hier, sauf qu'ici, il a été mis en œuvre à une échelle jamais atteinte auparavant. Nous empruntons aux générations futures et jouons avec leur capital.

L'enfant ayant vu que le roi était nu n'est-il pas l'ASPO, qui avait prévu le pic du pétrole brut dès 2005, inévitablement accompagnée d'une envolée des prix ? Or, nous l'avons déjà souligné, le prix du baril atteint près de 150 $ trois mois avant la crise de 2008. Plusieurs spécialistes du pétrole et certains économistes non conventionnels, comme James Hamilton, de l'université de San Diego (Californie), y voient la source de cette crise. Leur raisonnement est simple et explique pourquoi la crise est venue des États-Unis. Dans ce pays, il y a très peu de taxes sur le pétrole, de sorte que la hausse du prix du baril portée par la spéculation s'est directement répercutée à la pompe. Les nombreux Américains dits « Ninja » *(« No Income, No Jobs or*

5. P. Prieto, « Financial Collapse and Energy, Something Other than a NINJA Problem », *The Oil Drum*, 27 Mai 2009.
6. Y. Moulier-Boutang, *L'Abeille et l'économiste,* Carnets nord, 2010.
7. Référence au conte d'Andersen, *Les Habits neufs de l'empereur.*

Assets», soit «ni revenus, ni travail, ni capital») à qui les banques avaient accordé un crédit immobilier très risqué, asphyxiés par la dépense liée aux trajets quotidiens en voiture, ne purent honorer leurs traites immobilières, également en hausse, ouvrant ainsi la crise des *subprimes*. Suivant un mécanisme à double détente, s'y est ajoutée la ponction massive de richesses par les pays pétroliers, entraînant la baisse de la consommation des ménages et la crise de l'automobile. Ces éléments conjugués ont provoqué l'implosion des banques et ouvert la crise financière.

La situation résultant de l'énorme masse de richesses virtuelles créées par la spéculation pourrait cependant être moins redoutable qu'il n'y paraît, d'après une analyse plus complète de Yann Moulier-Boutang, cité plus haut, qui tend à réduire l'aspect spéculatif et largement nuisible de ces richesses. Cet économiste rappelle qu'au début de l'ère industrielle, le capitalisme fut d'abord esclavagiste et patrimonial : c'était celui des maîtres de forge, des capitaines d'industrie et de leur dynastie. Ceux-ci écartés par les managers recrutés pour leur compétence technique, le capitalisme devint industriel et managérial, et finalement financier dans les années 2000. Depuis, les conseils d'administration subissent une pression croissante des investisseurs, en particulier les fonds de pension, aux énormes moyens financiers. Ces milieux sont peu soucieux de la bonne gestion de l'entreprise et de sa production de biens matériels : ils exigent avant tout des rendements financiers dont la norme annuelle s'élève à 15 % ou plus[8]. Cette ère nouvelle s'accompagne, pour Yann Moulier-Boutang, d'une révision drastique de ce que l'on considère comme représentant la valeur d'une entreprise. Ainsi, dans cette évaluation, les biens matériels et la production manufacturière de l'entreprise perdent de leur importance au profit de la perception des marchés. Ceux-ci sont plus sensibles à un bien immatériel, qui est la possession de brevets, d'informations et de réseaux d'échanges ou d'influence. La compétence des ingénieurs et

8. Voir aussi Patrick Arthus et Marie-Paule Virard, *op. cit.*

des ouvriers cède le pas devant celle de gestionnaires sachant sous-traiter la fabrication en Chine ou en Inde. Accompagnant cette nouvelle logique, la banque de dépôts tend à se transformer en banque d'affaire. Lors de cette mutation quant à ce que l'on considère comme la « valeur de l'entreprise », le capitalisme d'antan et l'actuel capitalisme financier seraient en train d'évoluer en un capitalisme cognitif, qui repose sur l'innovation, la recherche et les échanges d'informations. Bien qu'immatériel, ce capital est néanmoins réel et cette richesse devrait être introduite dans les livres de comptes de l'entreprise. La richesse virtuelle considérée plus haut serait donc un amalgame de produits effectivement spéculatifs, sans contremarque réelle et globalement nuisibles, et de ce capital cognitif, fruit de l'activité intellectuelle de la société. Pour Yann Moulier-Boutang, porté par la révolution numérique, ce capitalisme cognitif serait d'essence révolutionnaire, libérant et valorisant l'homme, par l'appel à l'intelligence et à la connaissance. Illustration : suivant cette nouvelle perception, si les banques d'affaires ne peuvent pas résister à l'appétit sans limite des traders, c'est parce qu'eux seuls détiennent une connaissance des marchés unique et irremplaçable.

Cet enrichissement produit par l'accroissement des échanges autour des connaissances au sens large, base du capitalisme cognitif, sera-t-il un recours dans un monde où les ressources naturelles se raréfient ? Je n'en suis pas certain. Par ailleurs, Yann Moulier-Boutang propose comme outil de sortie de crise une taxation relativement légère de toute transaction financière. Outre son rapport considérable, elle aurait un effet dissuasif sur la spéculation financière.

À propos de la science de l'économie

Les économistes conventionnels soutenant le mythe d'une croissance qui ne serait pas limitée par des ressources physiques s'affranchissent des principes de base de la thermodynamique (voir chapitre 1, § « L'énergie au centre de tout »). Après bien d'autres, y compris des économistes non conventionnels comme E. F. Schumacher[9], j'ai déjà dénoncé cette faute[10]. On ne saurait pourtant s'en étonner car, ainsi envisagée, l'économie n'est pas une science, ce que résume Jacques Attali par : « *L'économie n'est à l'évidence qu'une science politique.* »[11] Les sciences « dures », au sens d'Auguste Comte, sont les sciences expérimentales, où l'hypothèse est soumise au test de l'expérimentation, qui la corrobore ou la récuse. Les sciences non expérimentales, comme les sciences de la Terre, où l'expérimentation directe est rarement possible, procèdent essentiellement sur une base de logique comparative. Ainsi que l'explique l'écologiste Charles Hall, l'hypothèse est validée si elle a résisté à des tests rigoureux. Dans les thèses économiques que nous dénonçons, les modèles sont hâtivement validés à partir de situations diverses et peu nombreuses, puis ils acquièrent force de loi… avant d'être pris en défaut. Cette faiblesse provient de ce que les situations de référence sont elles-mêmes très complexes, mettant en jeu un grand nombre de paramètres aux interactions mal connues, ce qui mine leur valeur prédictive. L'habillage d'une terminologie relativement hermétique, encadrant des formules mathématiques complexes, ne doit pas tromper.

Le pic du pétrole vu par une grande banque

Y aurait-il réconciliation entre les économistes conventionnels, tenants de la croissance infinie et les géologues sur le sujet du pic du pétrole ? Voici que la Deutsche Bank, la première banque d'Allemagne et l'une des plus grandes banques financières mondiales, admet à son tour l'existence d'un pic du

9. E. F. Schumacher, *Small is beautiful,* Blond&Briggs, 1973.
10. A. Nicolas (2007), *op. cit.*
11. J. Attali (2010), *op. cit.*

pétrole vers 2015. Cependant, à y voir de plus près, l'analyse des causes mérite qu'on s'y arrête tant elles diffèrent de celles des géologues. Pour la Deutsche Bank, le pic du pétrole résultera d'un affaissement de la production par insuffisance des investissements et de la demande[12]. Dans ce scénario, la mise en cause de l'insuffisance d'investissements laisse entendre que les réserves ne manquent pas et la baisse de la demande témoigne de la réactivité d'un marché qui s'adapte à une offre décroissante.

Le pic du pétrole selon la Deutsche Bank

L'analyse de la Deutsche Bank (DB) sépare les problèmes de l'offre en pétrole et ceux de la demande. L'offre est le sujet où les analyses de certains économistes s'opposent à celles des géologues, tandis que la demande est un domaine plus ouvert où interfèrent nombre de paramètres plus ou moins connus.

• **L'offre.** La DB rappelle que 91 % de l'offre en pétrole provient d'États instables et autoritaires, peu enclins à investir dans une recherche pétrolière de plus en plus onéreuse et d'une technicité que seules les compagnies étrangères maîtrisent. Or, selon la DB, ces compagnies sont progressivement chassées des champs pétroliers tenus par ces États. Nous serons donc vers 2015 au stade du peak oil et, toujours selon cette même banque, en situation de sous-investissement, cause d'un manque de pétrole et d'une montée du prix du baril. La production baissera, entraînant une diminution de la demande des États consommateurs et une baisse du prix du baril. La volatilité de ce prix, résultat de l'instabilité des régions pétrolières, découragera l'investissement des compagnies pétrolières qui, seules, seraient capables de prendre le relais des États défaillants. L'insuffisance de l'offre finira alors par entraîner une flambée durable du prix du baril face à laquelle la demande, étouffée, se tournera vers des énergies alternatives. C'est, de fait, ce qu'a toujours redouté l'Organisation des pays exportateurs de pétrole (OPEP).

• **La demande.** À partir de 2020 selon la Deutsche Bank, la demande, en baisse, pourra être satisfaite par une montée en puissance très rapide de la maîtrise de l'énergie et des énergies alternatives. Leur

12. Deutsche Bank, *op. cit.*

croissance étant dopée par l'exploitation du gaz de schiste (voir p. 55), les réserves de gaz pallieront le déficit de pétrole. Et face à la flambée des prix du pétrole, les États-Unis, principaux consommateurs de pétrole, se convertiront aux petites voitures électriques. En quelques années, le rendement de ces dernières s'envolera par rapport à celui des voitures actuelles. Tant et si bien que l'évolution de la demande restera alors constamment sous celle d'une offre figée...
Cet optimisme des experts de la DB est confondant. Il revient à admettre que l'adaptation de la demande à la pénurie sera quasi instantanée et totalement contrôlée. Le pétrole contrôlait-il les transports ? La réponse est immédiate : les voitures électriques envahissent les routes, dotées des techniques adéquates (voir, sur les difficultés d'adaptation, le chapitre 5, § « Maîtrise de l'énergie dans les pays développés et en développement »). Et quelle serait l'origine de l'électricité qui les animera ? Pourquoi pas le gaz de schistes, dont le futur est pourtant incertain (voir chapitre 2, § « Le gaz naturel non conventionnel ») ?

Le pic du pétrole, une affaire d'économie ou de réserves ?

On peut résumer le conflit au sujet du pic du pétrole entre les économistes tenants de la croissance infinie d'une part et les géologues, les économistes et les pétroliers indépendants d'autre part, par la question suivante : le problème vient-il du débit du robinet (position des économistes) ou de la taille du réservoir (position des géologues) ?

Dans l'encadré précédent, selon la Deutsche Bank, le pic du pétrole résulte d'une production qui s'affaisse par insuffisance d'investissements (le débit du robinet est trop petit), conjuguée à une demande qui se détourne. Plus généralement, pour les économistes que nous critiquons ici, les réserves demeurent une entité abstraite sous la seule dépendance du marché, fluctuant au gré des investissements consentis. Tout est lié à la capacité d'investissement, elle-même guidée par le prix du pétrole et par la situation politique. Que le prix du pétrole monte jusqu'à la valeur où il devient plus avantageux de le remplacer et, grâce à l'investissement, on trouvera une autre source d'énergie, rendue rapidement disponible au débit adéquat. En somme, l'investissement permet la mobilisation de nouvelles sources d'énergie et en règle les débits à notre convenance. Le pic actuel de production du pétrole brut est attribué à un dysfonctionnement passager du système de production.

Qu'une telle explication puisse être valable dans certaines situations, on ne peut pas le nier, mais, pour les géologues, elle n'est pas la règle et ses fondements sont démentis par la figure 4.1 et par l'insuccès croissant des « *wild cats* », ces puits d'exploration pétrolière forés depuis des années, qui sont l'expression évidente d'investissements massifs (voir p. 38-39).

Pour les géologues et les pétroliers indépendants, au contraire, les réserves sont une donnée concrète estimée à partir de mesures de terrain. Ces mesures indiquent que les réserves baissent, en raison de la consommation et sans relation avec le sous-investissement. Un financier peut-il aussi ignorer

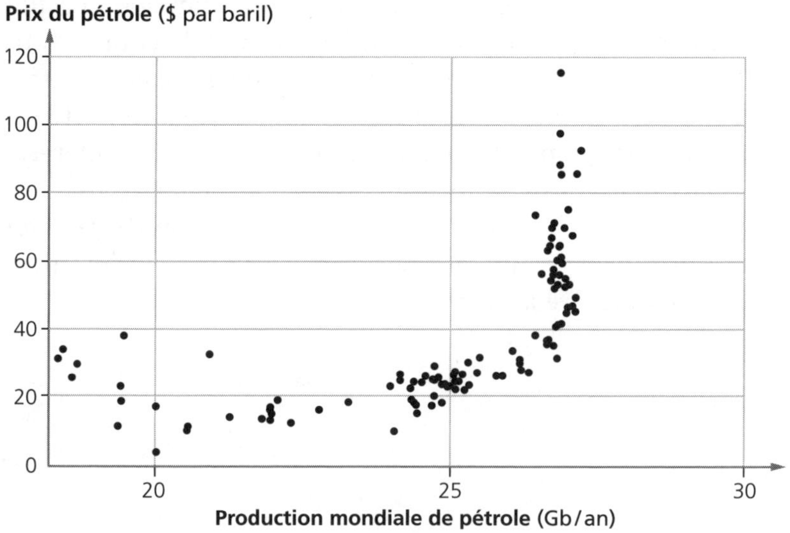

Fig. 4.1. Les fluctuations du prix du baril en fonction de la production mondiale de pétrole. Contrairement à ce qu'affirment certains économistes, la production pétrolière n'est pas une variable qui s'ajuste en fonction du prix du baril : quel que soit le prix qu'on y met, on constate en effet que la production de pétrole brut plafonne autour de 28 Gb/an. (Source : Kenneth S. Deffeyes, *When Oil Peaked*, Hill and Wang, 2010.)

la baisse continue du retour énergétique sur investissement (voir chapitre 2, encadré p. 43) ? Doit-on aussi au hasard de ne plus trouver depuis une vingtaine d'années de champs « super-géants », comme Ghawar en Arabie saoudite ou Cantarell au Mexique (voir p. 47) ?

Certains géologues considèrent toutefois qu'il convient de suivre le flux de la production autant que le niveau des réserves. Pour eux, la taille du robinet compte également, car la production fluctue au gré d'événements que l'on pourrait qualifier de « *above the ground* » (« au-dessus du sol »), la demande s'adaptant, en fonction d'une certaine fluctuation des prix. Avec la contrainte « *below the ground* » (« sous terre »), la production s'adapte à la demande tant que le niveau du réservoir le permet et, au-delà, elle ne suit plus. Sans ignorer cette dernière contrainte, les géologues mesurant les flux sont sensibles aux arguments des économistes conventionnels. Il y a entre ces deux attitudes – prêter attention avant tout au débit du robinet ou bien à la taille du réservoir – une simple différence d'échelle de temps. Le regard sur les flux vise le court terme, expliquant par exemple les fluctuations sur le plateau actuel de la production (voir figures 2.2c et 2.3). Le regard porté sur la réserve vise quant à lui le long terme. Ainsi, il ne s'intéresse pas aux fluctuations de production sur le plateau, mais au plateau lui-même, considéré comme l'expression du *peak oil*. Dans notre prospective à long terme, on opte évidemment pour cette dernière attitude.

Partie 2

Prévisions pour le XXIe siècle

Chapitre 5

Après le pétrole, quelles énergies pour le futur ?

L'époque de l'énergie abondante et bon marché se terminera avec la pénurie des combustibles fossiles. Le pétrole, combustible dominant, sera le premier à faire défaut. Ce chapitre présente rapidement les énergies alternatives. Parallèlement, le plan climatique vise à réduire, entre autres mais principalement, les émissions de gaz carbonique dues à l'utilisation des combustibles fossiles par l'homme. Bien que l'échéance climatique puisse sembler relativement lointaine, la réduction des émissions est urgente, selon les recommandations des climatologues. Rappelons qu'il faut diviser par 2 à l'échelle mondiale le niveau actuel des émissions de gaz carbonique pour contenir la hausse à venir des températures à une valeur « supportable », c'est-à-dire inférieure à + 2 °C. Pour y parvenir, les pays riches devront diviser par 4 leur consommation d'énergie d'ici à 2050, afin de laisser un espace de développement aux autres pays[1]. Or un tel objectif est

1. A. Nicolas (2007), *op. cit.*

proche de celui que la pénurie des combustibles fossiles nous imposera, nous le verrons dans le chapitre 7.

Les recommandations des plans climatiques tracent la voie à suivre. Les deux plans d'attaque sont connus. L'un vise les économies d'énergie, ce que l'on appelle « la maîtrise de l'énergie », et l'autre, avec les énergies renouvelables, la substitution d'énergies propres à celle des combustibles fossiles. Il est hors du cadre du présent ouvrage d'exposer dans le détail les mesures spécifiques de ces deux plans. Les ouvrages sur le sujet ne manquent pas. On peut conseiller les deux livres de Bernard Durand[2], le premier concernant les énergies renouvelables et le second la maîtrise de l'énergie. Enfin, David Mackay, physicien à l'université de Cambridge (Angleterre), vient de publier un livre exceptionnel[3]. On y trouvera, chiffrée, toute l'information disponible sur l'énergie du futur, mise à la portée de tous, « *without hot air* », c'est-à-dire sans exagération ni respect excessif pour les vaches sacrées ! Nous allons ici brièvement présenter les termes de ce débat, non sans avoir au préalable rappelé l'urgence que nous impose la prochaine pénurie de pétrole.

Le pic du pétrole, quand et à quel prix ?

La sortie du plateau du pétrole interviendra quand la contribution du pétrole non conventionnel (voir chapitre 2) ne pourra plus compenser l'écart croissant entre une demande qui ne cesse de croître et une production de pétrole brut dont la décrue risque d'être rapide. Sur le sujet de la contribution future des liquides non conventionnels, Bernard Durand[4] conclut que leur contribution pourrait culminer à près de 16 Mb/j en 2025, pour redescendre en 2050 à son niveau actuel,

---

2. B. Durand (2007, 2009), *op. cit.*
3. D. MacKay, *Sustainable Energy without Hot Air*, UIT Cambridge, 2009 ; disponible sur le site internet www.withouthotair.com
4. B. Durand (2007), *op. cit.*

de l'ordre de 4 Mb/j, marquant ainsi la sortie du plateau ondulé (voir l'encadré ci-dessous). Cette prévision est plus optimiste que celle de Jean Laherrère, pour qui la sortie du plateau demeure fixée autour de 2020 (voir chapitre 2). Dans ces hypothèses, il nous resterait encore une dizaine d'années pour nous préparer à la crise.

Contribution croissante du pétrole non conventionnel, jusqu'où ?

Les différentes formes de liquides non conventionnels possèdent des caractères spécifiques et donc des limites propres quant à leur production future. Ces liquides ont tous en commun d'être désavantagés par un retour énergétique sur investissement énergétique (EROEI) faible. Ils ont été décrits dans le chapitre 2 (encadré p. 36). Les pétroles non conventionnels, auxquels les pétroliers ajoutent le brut extrait de puits « non conventionnels », c'est-à-dire produisant du brut à un prix élevé (soit qu'ils soient très petits ou en eau profonde, soit qu'ils requièrent des techniques d'extraction coûteuses), seront exploités au rythme de l'augmentation du prix du baril de brut et tant que ce prix compensera un EROEI déclinant. Leur mise en production peut prendre plus d'une décennie car les investissements sont très lourds.

Les sables asphaltiques sont exploités au Canada, avec des conséquences environnementales pénalisantes. La production y est aujourd'hui de 1 à 2 Mb/j et devrait atteindre le double en 2025. On attend des informations en provenance du Venezuela, l'autre grand bassin pour cette ressource.

Le liquide de gaz naturel (LGN) est le principal des carburants non conventionnels. Dérivé surtout par condensation du gaz naturel conventionnel, il est donc lié à ce combustible et sa décrue devrait avoir un retard de l'ordre de 10 ans sur celle du pétrole. Les capacités d'augmentation rapide de la production de LGN semblent donc limitées et il est doté d'un EROEI inférieur à 10.

Quant aux autres XTL (X étant à remplacer par l'initiale du nom du carburant d'origine), les perspectives sont peu encourageantes. Ainsi, le CTL, carburant de synthèse obtenu à partir du charbon, n'est actuellement exploité qu'en Afrique du Sud, pays riche en charbon. Son prix serait bien au-delà de 100 $ le baril pour Brian Ricketts de l'AIE (Agence internationale de l'énergie), prix pudiquement caché par la société Sasol, qui le produit et assure le quart de la consommation sud-africaine. Les émissions de gaz carbonique dans la production de ce CTL sont, elles aussi, très pénalisantes.

Quant au GTL, dérivé par synthèse chimique du gaz naturel, il est moins pénalisant pour l'environnement et il est adapté à la motorisation des véhicules. Ici s'inscrit cependant une inconnue, celle de l'importance de la production future du gaz naturel non conventionnel qu'est le gaz de schiste (*shale gas*) qui, dans une hypothèse favorable, pourrait conduire à assurer le marché en GTL.

Les biocarburants actuels, dits « de première génération » (BTL1), sont en revanche assez « propres » en matière d'émissions de gaz carbonique. Pourtant, leur production ne fera que décroître en raison d'un EROEI faible, sinon négatif, à l'exception notable de l'éthanol produit au Brésil. Rappelons toutefois aux défenseurs des biocarburants qu'au nom de sa faible empreinte en gaz carbonique, la production de bioéthanol dans ce pays s'étend au détriment de la forêt amazonienne, refuge pour la biodiversité et qui puise massivement ce gaz dans l'atmosphère. Par ailleurs, les biocarburants exercent une emprise sur des terres arables, un détournement de moins en moins tolérable alors que la famine gagne dans le monde (on vient de dépasser le milliard d'hommes touchés par ce fléau). Un rapport commandité par l'ADEME et remis en 2009 par le bureau d'études BioIS se montre très sévère sur l'intérêt économique et écologique de ces BTL1.

Pour un éventuel regain d'intérêt des BTL, il faudra attendre la mise au point d'une nouvelle génération de biocarburants, qui repose sur l'utilisation de la cellulose des déchets végétaux, de mise au point beaucoup plus complexe qu'il n'y paraît. La culture des algues, dont le rendement photosynthétique est très supérieur à celui des plantes terrestres, reste du domaine de la recherche et pourrait être limitée elle aussi par l'espace aquatique disponible, sauf à la pratiquer dans les océans. Selon Bernard Durand, la principale voie ouverte actuellement est celle de la gazéification des déchets de la biomasse. Le rendement énergétique de la fabrication de ce carburant de synthèse BTL2 n'équivaut qu'à la moitié de celui du GTL, mais cette matière première épargne la capacité alimentaire ainsi que la biodiversité. Pour cet auteur, la France pourrait ainsi produire 10 Mtep de BTL2 en 2030, ce qui représenterait 20 % de notre consommation de pétrole actuelle.

Les spécialistes s'accordent, pour admettre que la production de pétrole brut – conventionnel – ne suit plus la demande depuis 2005 (voir le chapitre 2). Depuis cette date, la production est stabilisée sur un plateau à 85 Mb/j grâce à une substitution croissante par des liquides non conventionnels. Ces liquides ont en commun d'être chers. Autrement dit, leur retour sur investissement, l'EROEI, est faible, beaucoup plus bas que celui du brut. Le recours à ces liquides de substitution n'est possible qu'à des prix du pétrole supérieurs à 80 $ le baril, condition de leur rentabilité. Celle-ci est assurée depuis la fin 2009 (avec un prix de l'ordre de 110 $ début 2011), après un sommet historique du baril à 147 $, juste avant la crise de septembre 2008, et une chute à 30 $ sitôt après l'entrée dans cette crise. L'irrationalité de telles variations est partiellement due aux effets parasitaires de la spéculation boursière.

On peut à notre tour spéculer sur un prix du pétrole relativement stable, avoisinant son sommet historique quand nous approcherons du bord du plateau des 85 Mb/j (c'est-à-dire vers 2020, selon les prévisions). La pression montante sur les prix a une répercussion heureuse : celle de comprimer la demande des utilisateurs, à la façon d'un ressort qui s'écrase sous l'effet d'une poussée. Une belle illustration en est offerte par la crise pétrolière de 1974-1980, suite à la pénurie organisée par l'OPEP. La flambée du prix du pétrole déclencha alors une baisse massive de la consommation. Il est vrai que la réserve d'économies était à l'époque importante puisque c'était la première fois que le consommateur était confronté à la pénurie. Tout ressort ne pouvant dépasser sa limite élastique, que se passera-t-il lorsque le « ressort » des économies les plus évidentes sera écrasé et que les liquides de substitution ne pourront compenser la chute de production du brut ? Nous envisagerons un certain nombre de scénarios au chapitre suivant. Concernant le prix du pétrole, tout deviendra possible sachant que ce dernier devrait aujourd'hui être multiplié par 10 pour correspondre à sa contribution à l'économie réelle (voir p. 31).

Grâce à l'alerte du baril à 147 $ et à la rumeur croissante sur le pic du pétrole, n'avons-nous pas déjà un pied dans l'ère nouvelle de la maîtrise de l'énergie, avec la vogue des petites voitures – bientôt électriques on l'espère – ou celle des panneaux solaires et des éoliennes ?

Maîtrise de l'énergie dans les pays développés ou émergents

Nous avons vu dans le chapitre 1, (p. 21-23) combien les rendements étaient déplorables lors de la transformation de l'énergie primaire en énergie utilisable. Cela invite à rechercher dans l'amélioration de rendements une première source d'économies d'énergie. On visera d'abord les secteurs les plus voraces : celui des transports et ceux de l'habitat et du tertiaire, qui absorbent respectivement 65 % et 22 % du pétrole consommé en France. Plus précisément, le transport et l'habitat individuel consomment la moitié du pétrole en France, tandis que le secteur industrie-agriculture se limite à 13 % de la consommation. Dans le secteur de l'industrie, cette faible part résulte d'une réaction vive et efficace aux crises du pétrole des années 1970, sans pour autant ignorer les effets de la délocalisation d'industries énergivores vers les pays en développement. Cette analyse se transpose aux autres pays développés et, dans le futur, concernera aussi les pays émergents, les « BRIC » (Brésil, Russie, Inde et Chine). La situation des pays pauvres est bien différente, leur bilan énergétique étant léger. Nous y reviendrons car elle pourrait s'avérer aussi plus dramatique.

Concernant les transports, distinguons le cas du déplacement par voiture individuelle et celui des transports en commun, soit périurbains en réponse aux difficultés attendues de l'usage des voitures, soit longue distance par train ou camion, par avion ou navire.

Rappelons les engagements pris les lendemains de grève des routiers et rapidement oubliés : le transport d'une tonne de fret par train consomme environ 5 fois moins d'énergie que son transport par camion. De même, le transport entre villes d'une personne en TGV coûte 3 fois moins que son transport en automobile.

Les excès actuels du transport aérien et du transport maritime seront bannis après le pic du pétrole. Étant irremplaçables pour ces deux formes de transport, le pétrole et ses dérivés ne manqueront pas avant longtemps aux avions et aux bateaux, quel qu'en soit leur prix. La recherche les concernant portera évidemment sur l'amélioration des rendements. Citons l'utilisation du vent comme appoint pour les navires, bien que leurs performances énergétiques soient déjà excellentes. Les progrès sur l'avion du futur porteront sur les matériaux, les moteurs, la taille, mais le coût énergétique de ce moyen de transport demeurera considérable. Selon les estimations de David Mackay[5], un voyage aérien long courrier annuel correspond à une dépense journalière de 30 kWh/j, comparable à la dépense associée à un déplacement quotidien de 50 km en voiture pendant un an (soit 18 250 km en tout). De telles dépenses représentent le double de la part individuelle d'énergie apportée à chaque consommateur (moins de 20 kWh/j) par l'ensemble du parc éolien d'un pays comme la Grande-Bretagne ou la France.

En ce qui concerne la voiture, l'appoint des carburants de synthèse, bien que favorisé par un prix élevé du pétrole, sera insuffisant pour enrayer la hausse à la pompe. Des recours seront alors cherchés du côté du gaz naturel et de l'électricité. Le gaz naturel pour véhicules (GPL), stocké dans le véhicule sous une pression de 200 bars, possède un rendement moindre que celui du pétrole et nécessite un réseau d'alimentation spécifique, raison pour laquelle cette option n'est actuellement choisie que pour les flottes captives, comme celle des autobus urbains. La pollution moindre du GPL, tant vantée, laisse Bernard Durand[6] un peu sceptique après un bilan complet. Reste l'électricité, avec deux options : celle des voitures hybrides, rendues encore moins dépendantes du pétrole quand elles seront rechargeables, et celle de la voiture électrique

5. D. MacKay, *op. cit.*
6. B. Durand (2009), *op. cit.*

intégrale, dont l'extension dépendra des capacités futures de stockage de l'électricité (voir p. 78, et l'encadré p. 114).

Quant au secteur tertiaire, habitat individuel et bureaux, il représente environ 50 % de la consommation d'énergie finale à l'échelle mondiale. Il suffit de considérer combien le rendement énergétique des objets qui nous entourent est faible pour se convaincre que nous avons de la marge de progression. Ainsi, le rendement final n'est que de 3 % pour une ampoule à filament de tungstène (voir p. 22). L'énergie consommée peut se décliner en chaleur de basse température, jusqu'à la centaine de degrés, fournie à bon compte par des énergies renouvelables comme le solaire ou la géothermie, et chaleur de haute température, plusieurs centaines de degrés que seuls peuvent fournir l'électricité, le fuel ou le gaz naturel (voir chapitre 1, § « Le pétrole, au centre de l'énergie »). N'est-il pas paradoxal que l'on utilise actuellement ces sources d'énergie « nobles », c'est-à-dire de haute température, pour le chauffage, pour lequel des basses températures sont suffisantes, et qu'à l'inverse, on cherche à transformer l'énergie solaire en énergie électrique, avec un rendement déplorable tandis que l'eau chaude sanitaire d'origine solaire est, elle, très rentable et devrait donc se généraliser ? Aussi, en ce qui concerne le chauffage de l'habitat, la géothermie de surface d'origine solaire devrait être imposée dans les nouvelles constructions. Ces systèmes pompent des calories en hiver et, en sens inverse, pompent des frigories[7] pour refroidir les habitations, amortissant ainsi la facture de la climatisation, ce nouveau gouffre d'énergie « noble ». Rappelons au passage que toute l'énergie consommée par les hommes en un an correspond à l'ensoleillement de la planète en environ une heure. C'est le Soleil qui anime les enveloppes fluides de la planète que sont l'hydrosphère et l'atmosphère. Il ne faut donc pas s'étonner qu'à part la géothermie profonde, le solaire soit à la base de toute énergie renouvelable.

---

7. La frigorie est l'inverse de la calorie. Il s'agit de la quantité d'énergie nécessaire pour abaisser la température de 1 gramme d'eau de 14,5 à 15,5 °C sous la pression atmosphérique normale, soit – 4,185 Joules.

La construction des habitations et des bâtiments, dont la durée de vie est de l'ordre du siècle, nous engage pour les générations à venir. Des progrès sont possibles en France, où une maison neuve consomme actuellement trois fois plus d'énergie qu'en Suède. Nous devons aller vers des habitations à basse consommation en énergie et capables de produire de l'électricité à usage personnel grâce à des panneaux photovoltaïques. Le chantier le plus important reste, cependant, celui de l'amélioration de l'isolation des bâtiments anciens.

Faut-il enfin rappeler les efforts attendus de tous, particuliers, commerçants, entreprises et autorités locales, en faveur du recyclage et de la collecte associée ? Notre pays est loin d'être exemplaire dans ce domaine.

La place des énergies renouvelables

Il existe au sujet des énergies renouvelables une abondante documentation scientifique et technique, parfois très générale et répétitive. Un site bien documenté est celui de l'association « Sauvons le climat »[8]. Nous emprunterons ici encore à Bernard Durand[9], ainsi qu'aux livres de David MacKay[10] et de Richard Heinberg[11]. Le premier fourmille de données inédites et d'exemples inattendus, les suivants procèdent à une comparaison détaillée des principales sources d'énergie, dont les énergies renouvelables, avec une mention spéciale pour leur EROEI. Pour une description détaillée des énergies renouvelables, nous renvoyons aux nombreux ouvrages spécialisés ainsi qu'à ces excellentes références.

La figure 1.2, dans le premier chapitre, récapitule la liste des énergies renouvelables et la contribution énergétique actuelle de chacune. Rappelons qu'en 2007, elles ont contribué

8. www.sauvonsleclimat.org
9. B. Durand (2007), *op. cit.*
10. D. MacKay, *op. cit.*
11. R. Heinberg, *Searching for a Miracle,* Carbon Institute production, Septembre 2009.

pour environ 16 % à l'approvisionnement mondial en énergie primaire, l'essentiel provenant des énergies renouvelables traditionnelles que sont l'hydroélectricité et le bois. On peut distinguer les énergies renouvelables mécaniques et les énergies renouvelables thermiques. Sont classées dans la première rubrique l'énergie hydraulique et l'énergie éolienne ainsi que celles des marées, de la houle et des vagues, qui, toutes, sont destinées à produire de l'électricité. Entrent dans la seconde rubrique le solaire, la géothermie et la biomasse, sources de chaleur pouvant aussi produire de l'électricité.

Par rapport aux énergies fossiles, les énergies renouvelables sont employées au mieux lorsqu'il s'agit de fournir localement de la chaleur de basse température. Elles présentent de sérieux handicaps si on les destine à produire de l'électricité à l'exception notable de l'énergie hydraulique, encore que les vastes espaces qu'elle emprunte ne doivent pas être oubliés dans son bilan. Leur énergie primaire étant le plus souvent diffuse, il faut d'abord la concentrer, ce qui peut être une opération au coût global élevé, pour un rendement souvent médiocre (voir chapitre 1, p. 23). En outre, pour obtenir de grandes puissances, il faut déployer des dispositifs de collecte de l'énergie (comme les éoliennes) sur de vastes surfaces, où elles risquent d'entrer en compétition avec d'autres usages de l'espace. Enfin, l'intermittence dans leur fonctionnement peut poser le problème du stockage, comme nous allons le voir avec l'encadré ci-dessous.

Le stockage de l'énergie, un passeport pour le futur ?

Aujourd'hui, notre énergie est indirectement stockée dans les combustibles fossiles, comme l'était le bois pour nos ancêtres. En brûlant ces combustibles, on produit une énergie primaire sous forme de chaleur que l'on peut transformer soit en travail mécanique, soit en électricité. Cette dernière est un vecteur de l'énergie primaire, un autre vecteur possible étant l'hydrogène, dont le stockage pose des problèmes différents et redoutables. Bernard Durand[12] considère le stockage de l'énergie sous forme de chaleur et, surtout, d'électricité, comme l'une des clés de notre futur. Une capacité de stockage très supérieure par rapport à la situation actuelle permettrait de passer au tout électrique d'origine renouvelable, avec le photovoltaïque et les éoliennes, avec ou sans le nucléaire. En effet, ces deux énergies prometteuses sont bridées par l'intermittence de leur fonctionnement, selon l'ensoleillement ou la force du vent. Sous peine de déstabilisation du réseau distributeur d'électricité, ce caractère limite leur contribution à 15-20 %. Jean Laherrère commente: «*S'il y a tant d'éoliennes au Danemark et en Allemagne, c'est moins dû à une fièvre écologique qu'à la présence de nombreuses centrales à charbon, particulièrement polluantes, mais capables de moduler le courant sur le réseau de distribution. Avec la rigidité de son réseau nucléaire, la France ne pourrait autant s'appuyer sur l'éolien.*»[13]

Dans les petites installations, le stockage de l'électricité passe actuellement par des batteries. Or, la capacité massique pour une batterie au plomb n'est que de 35 Wh/kg[14]; pour les meilleures batteries au lithium, elle atteint 120 Wh/kg. Le gazole, lui, produit environ 12 kWh/kg, ce qui, via un groupe électrogène, peut être converti en 3 kWh/kg d'électricité, soit 25 fois plus que les meilleures batteries. On ne connaît aucun principe physique qui permettrait de stocker l'électricité avec de tels rendements. Une voie détournée est utilisée dans le cas de l'énergie hydroélectrique en montagne.

Quand les éoliennes produisent de l'électricité en excès, on l'utilise pour pomper vers un barrage amont l'eau d'un lac de barrage aval. Cette eau sera turbinée pendant les périodes de pointe. Il est envisagé d'étendre cette approche à des sites en bord de mer, en turbinant l'eau de mer du haut de falaises. Notons que, comme lors de toute transformation, 20 à 30 % de l'énergie est perdue lors du pompage-turbinage.

Par ailleurs, des avancées technologiques sont envisageables: produire, à partir d'électricité solaire en région désertique, de l'hydrogène, ou – pourquoi pas ? – produire cet hydrogène directement à partir de l'énergie solaire, en brisant les molécules d'eau comme le font les plantes vertes lors de la photosynthèse. L'hydrogène est certes difficile à stocker, mais il pourrait devenir dans le futur, au sein des piles à combustible, un vecteur énergétique concurrent de l'électricité classique[15]. Une

12. B. Durand (2007), *op. cit.*
13. Jean Laherrère, communication personnelle.
14. Watt par heure et par kg de batterie.
15. J. Rifkin, *L'Économie hydrogène,* La Découverte, 2002.

autre solution rapportée par Richard Heinberg[16] pourrait être la mise en place de réseaux électriques intelligents (« *smart grids* »), truffés d'électronique et dont l'architecture s'inspirerait d'Internet. Outre des économies d'électricité et une meilleure gestion des pics de production et coupures de courant, les échanges entre centres de production assureraient une meilleure gestion du problème de l'intermittence de la fourniture électrique : une région en régime de production pourrait compenser un manque ailleurs. Le coût de l'installation d'un tel réseau intelligent pourrait cependant être un facteur dissuasif. À une échelle plus modeste, on peut concevoir une symbiose similaire par couplage, côté fournisseur, d'un réseau dispersé d'électricité éolienne ou solaire, par nature intermittente, avec un réseau demandeur, qui disposerait des capacités de stockage voulues, par exemple celles d'un parc de voitures électriques.

Pour conclure sur les énergies renouvelables, la principale question est bien de prévoir quelle sera leur contribution future au « cocktail énergétique » quand la pénurie des combustibles fossiles frappera durement. En 2011, un rapport du GIEC (Groupe d'experts intergouvernemental pour l'Évolution du climat) fait un point très documenté sur les énergies renouvelables d'aujourd'hui et leur développement futur, à travers 169 scénarios[17]. Au terme de cet exercice de prévision, partant des 13 % (sa propre évaluation) à 16 % (selon d'autres sources ; voir Fig. 1.2) qu'elles représentent dans le cocktail énergétique actuel, le GIEC estime qu'en 2050, la part des énergies renouvelables pourrait représenter entre 15 et 79 %. Un tel écart est une belle démonstration de l'incertitude actuelle. Pour être plus positif, retenons que la moitié des scénarios se situent dans la fourchette de 17-27 %. Le GIEC est conscient qu'un problème majeur est celui de l'intégration des énergies renouvelables dans le système énergétique global, en particulier le réseau électrique, ce qui rejoint l'analyse présentée dans l'encadré ci-contre. Si l'on retient cette fourchette de 17-27 % pour la contribution des énergies

16. R. Heinberg (2009), *op. cit.*
17. GIEC, *Rapport spécial sur les énergies renouvelables,* Abou Dhabi, mai 2011.

renouvelables, l'impasse énergétique est considérable et sera de moins en moins comblée par la contribution déclinante des combustibles fossiles…

Conclusion

Nous sortons de l'ère du gaspillage énergétique pour entrer dans celle de la pénurie. L'insouciance n'est plus possible et la première leçon de ce chapitre est qu'il faut maintenant faire preuve d'imagination et d'application pour inventer et mettre en place des palliatifs. La deuxième leçon est qu'aucune solution de remplacement ne nous dispensera de gros efforts d'adaptation. Nous devons donc nous préparer à une vie moins facile. La dernière leçon est que le temps nous est compté, ainsi que les moyens financiers requis.

Chapitre 6

L'« après-pétrole » et la société du futur

« À ceux qui n'auront plus le bénéfice de deux milliards d'années d'accumulation de réserves d'énergie. »
David MacKay, dédicace de *Sustainable Energy without Hot Air,* UIT Cambridge, 2009.

La pénurie du pétrole, qui paraît inévitable et prochaine, s'annoncera par une flambée du prix du baril. La première question est celle de l'usage que nous aurons fait du laps de temps qui nous sera accordé avant que la crise ne se déclenche. On estime généralement à au moins une décennie le temps nécessaire pour affronter cette pénurie en limitant les dommages. L'incertitude est encore grande quant à la date de début de la crise annoncée, mais le principe de précaution fort prisé des politiques exigerait que nous nous engagions rapidement et fortement dans la préparation à cette crise. Nous examinerons d'abord l'ensemble des mesures qui devront être prises, mesures de prévention, de remédiation et d'atténuation – ce que les Américains appellent « mitigation », un terme français désuet qui pourrait nous revenir chargé de ce sens. Nous tenterons ensuite de prévoir notre vie après le pétrole, sachant qu'elle sera difficile, comme le montre, données précises à l'appui, David MacKay[1].

Souvenez-vous de ce fait de société, illustré par quelques saynètes du dessinateur Sempé. Sur l'une d'elles, une rue du Paris d'après-guerre, empruntée par un ouvrier à vélo jetant un regard envieux à ce riche qui déboule en voiture ; sur la dernière saynète, celle des Trente Glorieuses, l'ouvrier en voiture et pris dans un embouteillage est doublé par le riche à bicyclette ! Ces saynètes évoquent pour moi les vastes avenues de Pékin en 1980, alors encombrées de 500 000 bicyclettes, montées par des chinois au coude à coude. Aujourd'hui, ce sont 5 millions d'autos pare-chocs contre pare-chocs. Ils ne vont pas plus vite qu'à vélo, respirent un air pollué, mais jouissent du confort de leur voiture et de la fierté de sa possession, tout comme nos parisiens il y a 40 ans (… et aujourd'hui encore). En 2020, au terme d'une boucle accélérée, les Chinois seront de nouveau à bicyclette, tout comme les parisiens. Ainsi peut-on résumer, avec leurs aspects négatifs et positifs, les effets du passage du pic du pétrole sur des citadins. D'autres situations seront plus bien difficiles, requérant des adaptations plus coûteuses et plus pénalisantes. Il faudra bien ensuite tenter de décrire le scénario catastrophe, celui où la crise fond sur nous tandis que nous sommes insuffisamment préparés.

L'échéance de la crise du pétrole

Comme discuté dans les chapitres 2 et 5, la crise du pétrole s'ouvrira lorsque la production de l'ensemble des carburants, brut et liquides non conventionnels, ne pourra plus satisfaire la demande. Le scénario retenu est celui d'une sortie du plateau de production actuel vers 2020 (voir Figs. 2.3 et 2.4). On admet en effet que la baisse de la production du brut conventionnel est intervenue en 2005 et que, dans ce scénario, elle pourrait

1. Cité en exergue.

être compensée jusqu'en 2020 par celle des liquides non conventionnels actuellement mis sur le marché. Or il y a, nous l'avons vu, des incertitudes techniques concernant l'exploitation des liquides non conventionnels. Et il existe une incertitude plus forte encore, d'ordre économique : comment évoluera la demande en pétrole ? La crise de 2008 a vu une baisse de plus de 3 % de la demande, qui a rebondi depuis à son niveau et à son prix antérieurs. La croissance mondiale semble aussi avoir retrouvé en 2010 son rythme de 4 % par an. Or une telle croissance s'est jusqu'ici nourrie d'une croissance annuelle de 2 % de la production de pétrole (voir chapitre 1, § « Le vrai prix du pétrole »). Cela sera-t-il tenable ? Dernière inconnue, de combien et sur quelle durée la demande fléchira-t-elle lors d'une flambée du prix du pétrole, comme celle d'août 2008 ?

Face à ces incertitudes, retenons que l'échéance est proche. L'échéance de 2020 est retenue par un groupe de travail mis en place par les industries britanniques et auditionné en mars 2010 par le gouvernement de ce pays[2]. C'est aussi la limite envisagée indépendamment par deux rapports officiels américains, celui du Department of Energy[3] et celui du Department of Defence[4], qui prédisent une baisse de la production des carburants de 2 % par an à partir de 2011. Face à une demande qui repartirait à la hausse, le manque pourrait représenter, à partir de 2015, la production de l'Arabie saoudite, soit 10 Mb/j.

Une nouvelle organisation sociétale

Nous assistons depuis plusieurs décennies à la transition du monde des campagnes vers celui des villes et à l'expansion croissante de ces dernières, jusqu'aux mégapoles, dont le nombre se multiplie. Villes et mégapoles accueillent aujourd'hui plus de la moitié de la population du globe. Il semble qu'au-delà d'une certaine taille, la concentration urbaine nuise à une

2. ITPOES, *The Oil Crunch : A Wake-Up Call for the UK Economy*, 2010.
3. DOE, *International Outlook*, 2009.
4. DOD, *Joint Operating Environment*, 2010.

bonne gestion énergétique. La pénurie du pétrole pourrait donc encourager un retour à la situation antérieure. À l'inverse, délaissant les banlieues lointaines, on envisage, afin de limiter les transports, un retour de l'habitat vers le cœur des cités avec, dans celles-ci, une sortie par le haut au moyen de tours. Outre son emprise restreinte sur les sols, l'habitat vertical est également plus économe en pétrole. Mais le gigantisme, avec des tours de centaines d'étages, conduit à un non-sens car le coût énergétique s'accroît très rapidement avec la hauteur. J. Howard Kunstler[5] prédit l'abandon rapide de ce type de construction lors de la crise énergétique. Avec son documentaire, *The Tragedy of Surburbia*, repris dans mon précédent livre[6], ce journaliste scientifique prédit le même sort aux banlieues tentaculaires des États-Unis, en raison de leur dépendance vitale au pétrole. Les bidonvilles, réponse bien pire apportée par les pays pauvres, ont paradoxalement de meilleures chances de survie !

Le pétrole à 147 $ le baril, un avertissement presque gratuit

La pénurie du pétrole va frapper au cœur notre mode de vie, hérité du modèle américain, lui-même fondé sur le pétrole. La flambée de son prix à l'été 2008, avec une pointe à 147 $ le baril, a été un avertissement salutaire. Nous avons perçu la menace directe d'une crise pétrolière sur notre mode de vie. Les Américains l'ont mieux compris encore car le prix de l'essence à la pompe n'y est pas amorti comme en France par de lourdes taxes. Chez nous, les immenses centres commerciaux qui ont envahi la ceinture proche des villes et que l'on ne rejoint qu'en voiture individuelle ne sont-ils pas actuellement ébranlés ? Il semble que l'on assiste à une certaine décrue au profit des commerces de villes, marchés et petits commerces, plus proches du consommateur. Relevant de la même motivation, citons en vrac d'autres indices : les panneaux solaires apparus

5. J. H. Kunstler, *op. cit.*
6. A. Nicolas (2007), *op. cit.*

sur nos toits et les éoliennes dans nos champs ; les chaussées urbaines défoncées pour réinstaller le tramway ; le covoiturage et le regain d'intérêt pour la petite voiture, bientôt électrique ; enfin, une prise de conscience judicieusement encouragée par des aides gouvernementales.

Il ne faudrait pas que l'élan retombe. À cet égard, un retour sur la crise pétrolière des années 1970-1980 fait réfléchir. La baisse de la consommation de pétrole atteignit 5 % et son prix fut multiplié par 4. En 1981, la facture pétrolière s'éleva à 6 % du budget en France et l'inflation bondit à 16 %. L'appauvrissement fut durement ressenti dans la vie quotidienne. Pourtant, moins de 10 ans après, la consommation des ménages repartait de plus belle !

Le temps et les capitaux pourraient manquer

La conscience citoyenne des méfaits d'une crise pétrolière est éveillée et chacun tente de s'équiper pour faire face. Toutefois, à l'échelle des collectivités et de la nation, les investissements financiers seront très élevés et le délai de réalisation des multiples chantiers pourrait excéder celui que le pétrole voudra bien nous accorder. Des choix devront être faits : il faudra arbitrer les investissements lourds entre le nucléaire, les fermes d'éoliennes et les centrales solaires. Outre le temps, dont nous avons parlé plus haut, les moyens financiers risquent de faire défaut. La contrainte financière pourrait s'aggraver et, à l'échelle planétaire, les capitaux pourraient manquer, suite à la crise financière de 2008 et à la montée vertigineuse de la dette dans les pays développés. Actuellement, cette dernière approcherait ou atteindrait le niveau de la richesse mondiale, qui est de l'ordre de 100 000 milliards de dollars. Sauf à dénoncer ces créances, sera-t-il possible aux pays développés d'ouvrir de grands chantiers avant longtemps ? Pire, il y a une forte probabilité pour que la crise du pétrole s'ouvre sur un krach financier mondial, asséchant tout crédit. Cette éventualité est développée dans ce chapitre, au titre des scénarios catastrophes.

Le pétrole et les pays pauvres

Le défi adressé à la cohorte des pays pauvres est celui de la survie. Nous avons montré dans le premier chapitre que la révolution verte devait pour beaucoup au pétrole (d'où le titre de l'un des livres de Dale Pfeiffer, géologue spécialiste de l'énergie et de l'environnement : *Nous mangeons du pétrole).* On peut redouter qu'avec la pénurie de l'or noir, l'alimentation devienne hors de prix pour les populations au revenu de 1 ou 2 $ par jour qui, aujourd'hui, consomment elles aussi du pétrole, certes dans un rapport inférieur à 10 calories de pétrole pour 1 calorie alimentaire. Facteur aggravant, les pays pauvres sont ceux qui présentent la plus forte natalité. En 2009, l'Afrique a dépassé le milliard d'habitants et le tiers de cette population était frappé de sous-nutrition. Progressant au rythme actuel de 10 % par an selon la FAO, la population africaine compterait 2 milliards d'habitants en 2050. Que faire ? Famine et surpopulation étant liées, il faut intervenir sur ces deux facteurs. Malheureusement, ils n'évoluent pas de la même manière. La démographie ne s'infléchit spontanément qu'au rythme des générations, soit environ tous les 20 ans, tandis que la famine peut se répandre suite à quelques années de sécheresse.

Le scandale du gaspillage

La malnutrition et la famine sont déjà en route dans les pays les plus pauvres, où elles touchent désormais un milliard d'hommes. Pourtant, au plan global, la ressource alimentaire ne manque pas : la nourriture gaspillée dans les pays riches suffirait pour nourrir ce milliard d'habitants sous-alimentés ![7] Confirmée par le rapport de la FAO publié en 2011, cette étude estime que, aux États-Unis, 40 % de la nourriture partirait à la poubelle et que, pour l'ensemble du monde, c'est environ 30 % de la nourriture qui serait perdue. Dans les pays

7. T. Stuart, *Waste,* Penguin Books, 2009.

pauvres, les pertes sont moindres et elles relèvent surtout de défauts de stockage et de transport. Que les famines puissent disparaître grâce à une meilleure distribution n'est pas une idée nouvelle. Les terribles famines en France au Moyen Âge ou en Inde à la fin du XIXe siècle étaient déjà davantage attribuables à une mauvaise distribution (spéculation, moyens de transport déficients, guerres) qu'au manque global de nourriture. Porter remède au scandaleux gaspillage actuel n'est pas simple. Peut-être faudra-t-il attendre, hélas, la flambée des prix alimentaires, consécutive à celle du prix du pétrole, pour s'en préoccuper ?

Exode rural et urbanisation

Les plans optimistes dressés par les spécialistes de la FAO, qui, dès 1996, promettaient de réduire de moitié les victimes de malnutrition en 2015, ont gravement échoué. Les subventions agricoles, fondement de la politique contre la faim, sont aujourd'hui largement dénoncées. Selon la directrice du développement urbain de la Banque mondiale, l'encouragement adressé aux ruraux de ne pas quitter leurs terres pour les bidonvilles des mégapoles aboutit à un nouvel échec, avec la migration de 70 millions de ruraux qui, chaque année, grossissent les villes des pays pauvres[8]. Cet exode est inévitable avec, en milieu rural africain, 5 enfants par foyer, une surpopulation aggravée par la perte de terres surexploitées et érodées. Au lieu de tenter de freiner la migration des pauvres d'entre les pauvres vers la ville, pourquoi ne pas l'accepter, organiser l'accueil des migrants, l'aide internationale se tournant vers la restauration des villes, avec résorption des bidonvilles, « ceintures de la honte », au profit d'un habitat digne ? Les bidonvilles « accueillent » actuellement plus d'un milliard d'habitants dans des conditions invraisemblables (aucune infrastructure ni raccordement aux différents réseaux, ni, bien sûr, titre de

8. 5e symposium de Recherche urbaine, Marseille, 2009.

propriété). En l'absence de mesures, cette population pourrait doubler en 2040. Alors qu'elle était considérée comme porteuse de chaos il y a encore 5 ans, nous allons voir que l'urbanisation contrôlée apparaît aujourd'hui comme l'un des piliers de la réussite économique d'un pays.

Les circuits de distribution de l'aide alimentaire seraient-ils mieux ciblés et mieux contrôlés s'ils opéraient à partir et pour le compte des villes, réduisant les « pertes en ligne » des circuits actuels ? Le milieu rural ne pourrait-il pas devenir moins dépendant grâce à l'exode, aidé et organisé, des bouches en excès ? Sur ces sujets, il faut relire le *Guide critique de la mondialisation,* ce livre percutant de George Soros[9], un gourou de Wall Street très actif à travers ses fondations en faveur des pays pauvres.

On sait que les villes créent de la richesse, donc des emplois (bien que souvent très modestes), et qu'elles sont aussi le creuset de l'intégration sociale. Moins assujettie, la femme contrôle mieux ses naissances et son foyer, et peut tendre vers la « norme générale » de 2 ou 3 enfants. Ce point est fondamental car la maîtrise de la démographie est, à terme, la réponse au défi de la faim et de la soif dans les pays pauvres.

Pratiques alimentaires et agricoles

Une observation récurrente, rapportée par Fabrice Nicolino[10], est celle du coût alimentaire de la consommation de viande. Il rappelle qu'il faut de 7 à 9 calories végétales pour produire 1 calorie animale et qu'en France, près de 70 % des terres agricoles sont consacrées à l'élevage. Fait aggravant, l'alimentation carnée accompagne le développement. Dans les pays développés, selon la FAO, si depuis 50 ans la consommation végétale stagne, celle de la viande a été multipliée par 4. En Chine selon la même source, cette consommation aurait

9. Plon, 2002.
10. F. Nicolino, *Bidoche,* Ed. LLL, 2009.

aussi été multipliée par près de 4, mais en seulement 30 ans ! À maints égards, y compris sanitaire, nous devons rompre avec une alimentation trop carnée. Du point de vue environnemental, la Bretagne, qui s'est transformée en usine à viande et à lait, en paie un terrible impôt avec, en particulier, la pollution des eaux par les nitrates. De son côté, dans un rapport en date de 2006 repris par Nathan Fiala[11], la FAO estime que l'élevage est responsable de plus d'émissions de gaz à effet de serre que le transport ou l'industrie (il représente, en équivalent gaz carbonique, entre 14 et 22 % des émissions de gaz à effet de serre). La consommation annuelle de l'Américain moyen en bœuf, particulièrement pénalisante du point de vue des émissions de gaz carbonique, conduit à un niveau d'émissions égal à celui d'une voiture ayant parcouru 3 000 km.

Dans la situation de déséquilibre actuel, de nouvelles pratiques agricoles doivent être recherchées et rapidement mises en œuvre. L'essentiel des réflexions vise à renouveler ces pratiques par la réduction du labour, et par la mise en œuvre de semis sous couvert végétal, de la rotation des cultures, des engrais verts, toutes pratiques qui sont moins traumatisantes pour les sols et moins dispendieuses en eau et en engrais, dont le coût en pétrole est élevé. Ne peut-on davantage encourager la recherche dans ces domaines ? De telles pistes sont actuellement explorées. Un bel exemple, mené par l'INRA et d'autres organismes, est celui de la modélisation de l'évolution agronomique et sylvestre en France jusqu'à la fin du siècle[12]. À l'échelle mondiale, la mise en œuvre de nouvelles pratiques agricoles demandera d'importants transferts de fonds et de technologie vers les pays en développement, le temps que la décrue démographique déjà amorcée exerce ses effets (voir Fig. 3.5b).

11. N. Fiala, « How Meat Contributes to Global Warming », *Scientific American* février 2009.
12. N. Brisson, F. Levrault, *Livre vert du projet Climator,* ADEME, 2010.

C'est, transposé à l'échelle mondiale et pour un temps très supérieur, l'équivalent du plan Marshall, qui aida l'Europe à ressusciter après la Seconde Guerre mondiale. Hélas, nous allons voir qu'il est peut-être déjà trop tard.

Scénario catastrophe

Si nous ne tirons pas suffisamment profit du délai avant la crise du pétrole ou si elle survient plus tôt que prévu, nous cueillant en état d'impréparation, nous pourrions être confrontés à un scénario catastrophe. Pour que le frémissement actuel décrit plus haut se transforme en prise de conscience et en action, il peut être utile de tenter d'exposer une telle alternative, le futur noir qui menace en cas d'inaction.

Depuis une dizaine d'années, une abondante littérature est écrite sur ce sujet aux États-Unis, par des spécialistes souvent de grand renom et issus de divers horizons, y compris celui de la finance. Dans le dernier chapitre de mon deuxième livre[13], je m'en suis fait largement l'écho. Ces positions sont ici résumées et ponctuellement complétées.

Dans la tempête de la crise, ce sont les superstructures les plus complexes et vulnérables qui pourraient s'effondrer les premières, celles de la finance et du commerce mondialisés. Suivraient les structures des États, avant un repli final au niveau des petites communautés plus ou moins autosuffisantes. Encore faut-il adapter ce schéma aux différents ensembles géographiques et niveaux de développement. C'est la démarche ici proposée.

Krach financier, effondrement de la mondialisation et des nations

Pour comprendre comment la crise pourrait emporter le système financier mondial, il faut rappeler que celui-ci repose sur le crédit. Tout comme dans le système bancaire, le crédit

13. A. Nicolas (2007), *op. cit.*

est fondé sur une croissance économique mondiale forte, elle-même fondée, rappelons-le, sur une augmentation d'environ 2 % par an de la consommation de pétrole. Nous avons montré que la valeur monétaire du pétrole est 10 fois supérieure à son coût à la pompe et qu'il compte pour la moitié de la croissance du PIB (voir p. 31). Avec le pic du pétrole, la croissance de sa production s'annulera, tout comme sa contribution à la croissance du PIB. Au-delà, la chute de la production du pétrole entraînera celle du PIB. Dans ce contexte, le remboursement des emprunts et des dettes individuelles sera suspendu, asphyxiant le système financier mondial et conduisant, cette fois, à la banqueroute.

La mondialisation est la seconde victime attendue, étouffée par la crise financière globale et la réduction immédiate de l'activité industrielle et commerciale. Les grandes sociétés internationales se replieront ou se fragmenteront, entraînant la fin du partage des tâches entre les nations (avec actuellement la Chine comme « atelier du monde »). Le transport maritime s'effondrera, encore affaibli par le renchérissement du coût des transports. À ce stade précoce, l'autarcie des nations sera de retour, comme au plus fort de la crise de 1929.

Dans notre scénario catastrophe, les nations pourraient à leur tour se fragmenter à la façon de l'empire soviétique qui, après la chute du mur de Berlin, entraîna dans son effondrement des populations désemparées et démunies. La désorganisation générale et la pénurie de pétrole conduiraient à la fin de la grande industrie, de l'agriculture mécanisée et de l'agroalimentaire. Dans un mouvement autarcique généralisé, l'organisation sociale pourrait se replier au niveau régional, sinon local. Allant plus loin que ce scénario de décroissance, qui est celui d'un courant d'opinion actuellement bien représenté, il existe un scénario extrême, celui du retour à la Préhistoire. Après le siècle des Lumières, celles de la Terre illuminée la nuit grâce à l'énergie fossile, ce serait celui du retour à un « âge des ténèbres ».

Pays riches : des situations contrastées

La pénurie du pétrole conduisant rapidement, sinon à l'âge des ténèbres, du moins à un retour à un mode de vie proche de celui du début du XXe siècle en Occident, la situation des pays riches dépendra d'abord de leur climat, l'avantage étant aux pays tempérés et tempérés froids par rapport à ceux aux climats subtropicaux. Revenue au centre des préoccupations, la survie alimentaire sera en effet mieux assurée dans les régions tempérées, mieux arrosées et dotées de terres plus riches. La dépendance du pétrole y est moindre, surtout par comparaison avec des situations comme celles des grandes villes du Sud et du Sud-Ouest américain, qui se trouvent en zone subtropicale. Nous avons vu qu'avec leur ceinture suburbaine, les mégapoles de ce type seraient condamnées à disparaître. L'Europe serait probablement en meilleure condition. Par un conservatisme de bon aloi face à la course au progrès, l'Europe dispose de positions de repli qui lui seront indispensables. Elle a ainsi préservé une partie de son tissu de petites villes, reliées par des voies ferrées et entourées d'exploitations agricoles traditionnelles. Quant à la France, dotée d'une riche agriculture, d'un excellent système ferroviaire et de ses 80 % de production électrique d'origine nucléaire (couvrant 16 % de la consommation totale), elle possède, selon moi, plus d'atouts encore… Autre inconnue : ces contrées relativement privilégiées pourront-elles rester isolées du monde extérieur, telles des forteresses ?

Famines et décroissance de la population

À la fin de la Seconde Guerre mondiale, la population terrestre était de 2,5 milliards d'habitants, probablement en équilibre avec ce que la planète peut porter sans l'adjuvant du pétrole. La période était en effet celle du tout début de la révolution verte, qui permit d'éliminer la famine des contrées les plus pauvres. Cette révolution verte, soutenue par le pétrole, est responsable de la flambée démographique et des 6,7 milliards d'êtres humains actuels. Le défi sera de nourrir les 9 milliards d'habitants attendus en 2050. Des réponses sont proposées dans des rapports publiés en 2009 – celui de la FAO (*Global agriculture towards 2050,* Experts Meeting, Rome), celui de l'OCDE-FAO (*Agricultural Outllook,* OCDE Paris) et celui de l'INRA- CIRAD (*Agrimonde*[14]). Ces rapports retiennent des scénarios où la surface des terres cultivées augmente de l'ordre de 550 millions d'hectares, soit 10 % des surfaces actuelles mises en culture ou en pâturage. Ces terres seront surtout disponibles en Amérique du Sud, en Afrique subsaharienne et en Russie. Une récente synthèse de Laurence Roudart, de l'Université libre de Bruxelles (*Notes et études socio-économiques,* n° 34, déc. 2010) considère ces surfaces à gagner comme un minimum pouvant être potentiellement doublé. Notons que le réchauffement climatique ne changera guère ces estimations, ouvrant des espaces aux hautes latitudes et en fermant dans les zones tropicales. L'optimisme de ces rapports contraste avec le contexte actuel de pénurie et de perte des sols cultivables. Ainsi, en France, la perte des terres agricoles au profit de sols artificialisés est celle de la surface d'un département tous les 7 ans[15]. Pour cette raison et celle du réchauffement climatique, la production de céréales en France devrait stagner en dépit du progrès technique[16]. Dans le monde, la désertification progresse en particulier à cause de la surexploitation, elle-même conséquence de la surpopulation. Elle affecterait environ le tiers des terres émergées d'ici à 2025, menaçant une proportion égale de la population mondiale, selon la Convention des Nations unies sur la désertification[17]. Plus grave, dans ces rapports, on prévoit une progression annuelle des rendements de l'agriculture de 0,14 à 0,8 %. C'est occulter la relation étroite entre les rendements agricoles et le pétrole (voir chapitre 1). Avec la pénurie de pétrole, est-il concevable que les

14. www.inra.fr/l_institut/prospective/agrimonde. Voir aussi une synthèse sur le site INRA www.international.inra.fr/research

15. Ministère de l'Agriculture, revue *Agreste-Primeur,* juillet 2010.

16. N. Brisson, *Field Crops Research,* Elsevier, 2010.

17. 8e Conférence internationale des Nations Unies sur la désertification, Madrid, septembre 2007.

rendements puissent continuer de croître, même à un rythme moindre que depuis l'après-guerre ? Oui, ponctuellement grâce aux progrès attendus de la recherche agronomique, mais globalement, c'est bien douteux. Concernant l'agriculture, la pénurie de pétrole nous renvoie au contraire à la case départ, c'est-à-dire aux rendements d'avant-guerre et à une situation pire encore pour les pays pauvres.

Selon l'association Global Footprint Network, « *think tank*» (ou laboratoire d'idées) international soucieux de développement durable, il faudrait aujourd'hui l'équivalent d'une planète et demie pour nous donner les ressources que nous utilisons et absorber nos déchets[18]. Mis à part une agriculture mécanisée en Amérique du Nord et localement en Europe, le monde d'avant la Seconde Guerre mondiale pratiquait une agriculture traditionnelle qui nourrissait environ 2,5 milliards d'êtres humains, dont une moitié de paysans. Le risque est grand de revenir à ce niveau de population. Dans les pays pauvres, les famines affecteront aussi bien le monde rural – en raison d'une population trop nombreuse survivant sur des terres fragilisées – que les agglomérations, les affamés ne pouvant recevoir, en raison du chaos mondial, d'éventuels vivres encore excédentaires ici ou là. Dit crûment, si nous n'entrons pas au plus vite dans une politique de partage et d'aide, dont quelques traits ont été esquissés plus haut, plus de la moitié de la population mondiale risque de périr (Fig. 6.1). Paul Chefurka, informaticien et auteur converti à ces sujets, précise cette conclusion en liant les effectifs de la population à l'énergie – et en particulier au pétrole – dont elle dispose, tant pour sa nourriture, que pour d'autres aspects vitaux, tels le chauffage et les soins médicaux[19]. Aujourd'hui, l'Américain dispose de 8 tep/an, et la moyenne mondiale est de 1,7 tep/an. En 2100, la moyenne mondiale ne serait plus que de 1 tep/an. Cet auteur conclut que la population de la planète, après un pic à 7,5 milliards d'habitants

18. www.footprintnetwork.org/en/index.php/GFN/page/world_footprint
19. P. Chefurka, *World Energy and Population trends to 2100*, BP statistical Review World Energy, 2007.

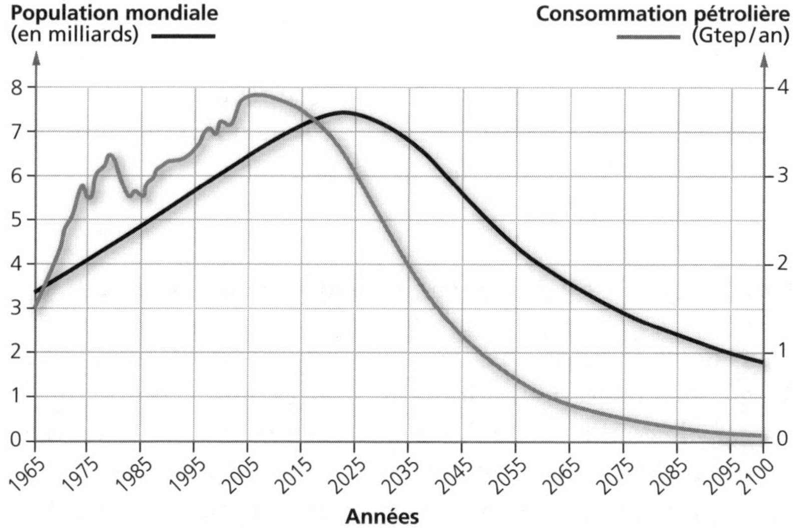

Fig. 6.1. Un exemple de prévision d'évolution de la population mondiale et la consommation de pétrole au cours du XXIe siècle. Dans ce scénario, la forte décroissance de la population à partir de 2010-2020 est liée à la chute de la production (et donc de la consommation) pétrolière. (Source : www.paulchefurka.ca/WEAP/WEAP.html)

en 2025, décroîtrait inexorablement pour ne compter que 1,8 milliard d'habitants en 2 100. On est frappé par le silence assourdissant des instances de l'ONU sur ce sujet terrifiant.

Nombre de dispositions, comme celles visant à stopper la surpopulation, n'auront d'effets qu'à long terme. D'autres, impliquant des investissements lourds, pourraient devenir impossibles en raison de la gravité de la crise. R. Heinberg et son groupe[20], ayant aussi reconnu la dépendance au pétrole de l'agrosystème, recommandent de la réduire par des mesures de décentralisation et de relocalisation de fermes plus petites nécessitant plus de fermiers, suivant l'organisation dont une ébauche est esquissée plus bas. La ville de Boulder, dans le Colorado (États-Unis), l'a entendu, en encourageant une agriculture vivrière rapprochée au détriment de la monoculture, ou la renaissance des marchés locaux avec un programme

20. R. Heinberg, *Pétrole, la fête est finie,* Demi-Lune, 2008.

justement appelé « la transition ». Autres mesures simples : mettre fin au gaspillage actuellement observé et retourner à des mœurs alimentaires ancestrales, avec un régime moitié moins carné et plus riche en végétaux. Ce régime pourrait contribuer à réduire ailleurs les famines qui menacent.

Une longue convalescence, le temps de la résilience

Dans notre scénario, après une période inévitable et peut-être longue de chaos, de tensions, de guerres autour du pétrole et du gaz, de conflits liés à l'immigration aux frontières des pays du sud de l'Europe, des États-Unis et de la Russie, du nord de l'Australie ou de l'Afrique du Sud, en réponse à la situation de misère des pays pauvres, la situation devrait se détendre.

La crise et ses turbulences enfin apaisées, une nouvelle société mondiale pourrait naître, le repli initial étant suivi par le rétablissement de réseaux d'échange et de partage de plus en plus denses. Emprunté à la physique, où il désigne la résistance des matériaux aux chocs, le terme de « résilience » s'est introduit en écologie, où son sens s'élargit à la restauration spontanée des systèmes naturels après une perturbation. Il s'appliquerait bien au sort de l'humanité au sortir de la crise énergétique.

On peut ainsi rêver d'une nouvelle société forgée dans l'adversité, qui, bien qu'enracinée dans un quotidien rude, concilierait entraide et qualité de vie. La réduction massive de la consommation de combustibles fossiles conduirait à de sévères économies d'énergie et à la promotion des énergies renouvelables, complétées par l'énergie nucléaire. Les pays actuellement en développement, qui aspiraient à notre mode de vie et qui y seraient parvenus si l'énergie et le temps avaient été moins comptés, réorienteraient leur croissance en suivant cette voie nouvelle.

Dans nos pays, l'organisation du territoire aurait évolué, mue par deux courants contraires. D'une part, celui d'un développement urbain plus serré au détriment de vastes zones suburbaines – adieu *Suburbia* (la banlieue à l'américaine), dévoreuse d'espace et difficile à desservir par des transports collectifs. Ce repli n'exclurait pas le regain des jardins ouvriers en périphérie de villes. D'autre part, on observerait un courant de retour vers les campagnes, évoqué plus haut par Heinberg et ses collaborateurs[21]. Le succès de l'agriculture mécanisée fut de produire une nourriture abondante, voire surabondante, tout en réduisant le nombre d'agriculteurs à moins de 4 % de la population d'aujourd'hui, contre 50 % de celle d'il y a 70 ans. Dans le futur, le retour à une agriculture traditionnelle de subsistance nécessitera autant de nouveaux paysans. Globalement, la situation pourrait évoquer la France de 1940, avec le repli temporaire à la campagne d'habitants qui furent, à l'époque, chassés par la guerre. Abordant un nouveau mode de vie rural, tentant de subvenir à leurs besoins par eux-mêmes, les nouveaux paysans gagneraient en sérénité ce qu'ils auraient perdu en confort. Ainsi, pourraient ressusciter nos villages traditionnels, revenus à une certaine autarcie. Les difficultés du secteur du transport comme celles de l'industrie agro-alimentaire favoriseront l'exploitation et la consommation des ressources agricoles et forestières de proximité. Le citoyen retrouverait une certaine part d'autogestion. Selon moi, cette forme de gestion citoyenne est devenue difficile en France en raison de la dominance de l'État. Par bonheur, un tel repli n'exclurait pas une participation active à la vie de la planète, les réseaux de communication restaurés assurant un regain du marché de l'information.

Le gaz naturel étant en voie d'épuisement et le pétrole résiduel réservé à des usages spécifiques, comme la propulsion des avions ou la matière première de matériaux de haute technologie, l'énergie nécessaire à l'industrie et aux transports terrestres devrait être d'origine électrique. Elle proviendra, selon moi, de centrales nucléaires de troisième voire de quatrième génération lorsque la technique le permettra, de

21. Heinberg & al., *op. cit.*

l'hydraulique des grands barrages et, si la ressource et la technique le permettent, de centrales au charbon séquestrant le gaz carbonique issu de leur fonctionnement. Cette production d'énergie primaire centralisée serait complétée par une production au contraire très délocalisée grâce aux énergies renouvelables, dont le péché originel, l'intermittence, serait absous grâce à des techniques nouvelles de stockage de l'énergie. Le retour à la terre de nombreux citadins conduirait à un habitat dispersé, les déplacements sur des distances autres que celles possibles en bicyclette étant assurées par train.

La croissance actuellement guettée avec anxiété par nos responsables politiques, année après année, céderait la place à la «croissance zéro» préconisée dès les années 1970 par les adeptes du Club de Rome, ou pourquoi pas à la «décroissance» dans les pays encore relativement riches au profit des pays les plus pauvres, attitude aujourd'hui prônée par certains écologistes. Le grand philosophe et humaniste Ivan Illich, aujourd'hui décédé, estimait que l'énergie, source de la croissance, renforçait l'inégalité entre les hommes[22]. Pourquoi l'opposé ne serait-il pas vrai et, qu'avec la décroissance, se révèle l'autre psyché humaine, celle de l'égalité entre les hommes ? Une philosophie proche est celle de Tim Jackson, économiste britannique qui, dans un entretien rapporté dans *Le Monde* daté du 4 janvier 2011, oppose ces deux psychés : celle de l'individualisme, favorisée actuellement dans la course à la croissance, et celle de l'altruisme, qui se manifeste dans les épreuves partagées, comme celles qui nous attendent. Plus familièrement, l'automobiliste au volant, prêt à disputer chèrement une place de parking, retrouve son urbanité sitôt sorti de sa bulle. Autant l'autonomie que permet la croissance actuelle favorise l'avidité et l'égocentrisme, autant la dépendance de l'autre au sein d'une communauté fragile, comme naguère l'homme a pu le connaître, pourrait encourager l'expression de l'altruisme et du respect de l'autre, que nous portons aussi. Peut-on rêver d'une telle société, plus soucieuse d'être que d'avoir ?

22. Ivan Illich, *Énergie et équité,* Le Seuil, 1973.

Chapitre 7

Crises énergétique et climatique, l'une chasse l'autre

Dans ce chapitre, nous allons assister à la dissipation progressive des lourds nuages accumulés jusqu'ici par la pénurie énergétique car celle-ci devrait déboucher sur une perspective inattendue, celle d'une forte atténuation de la crise climatique, grâce à une atmosphère moins chargée que prévu en gaz carbonique. Il est toutefois essentiel de ne pas désarmer vis-à-vis de la crise climatique car ses prémisses sont de plus en plus inquiétantes. En outre, les mesures de réduction des émissions atmosphériques de gaz carbonique s'intègrent dans celles en faveur des économies d'énergie.

Oléocène ou Anthropocène ?

Certains ont appelé « Oléocène » (« âge de l'huile », c'est-à-dire du pétrole) la plus récente période géologique, celle qui se serait ouverte en 1859 avec la première exploitation du pétrole en Pennsylvanie et qui se terminerait avec le pic du pétrole et sa pénurie attendue vers 2020. Cette période succéderait à l'Holocène – où nous croyions encore être – initié il y a 10 000 ans par la prise en main de la planète par l'homme nouvellement sédentarisé. L'Holocène était déjà la période la plus courte dans l'histoire de la Terre, mais que dire d'un Oléocène qui durerait 150 ans ou à peine plus ! Le choix du terme « Oléocène » n'est pas neutre. Il signifie qu'avec la décrue accélérée du pétrole, la civilisation humaine entrerait dans une ère nouvelle, suivant les scénarios qui furent esquissés dans le précédent chapitre.

Paul Crutzen, à qui fut attribué le prix Nobel de chimie en 1995 pour son explication du « trou de la couche d'ozone » au-dessus des pôles, a forgé un autre terme, celui d'« Anthropocène ». Cette ère succéderait aussi à l'Holocène, mais à partir de 1800 et des prémisses de l'ère industrielle, et elle se terminerait à l'issue de la crise climatique. D'un point de vue strictement géologique, l'Anthropocène trouve une certaine justification du fait que l'homme est devenu lui-même un facteur géologique : facteur tectonique par ses divers chantiers, qui déplacent par unité de temps des masses comparables à celles des processus géologiques ; facteur biologique par l'atteinte qu'il porte à la biodiversité ; facteur climatique enfin, par son action sur l'effet de serre.

Les termes « Anthropocène » et « Oléocène » traduisent deux conceptions différentes des crises dans lesquelles nous entrons. Pour les partisans de l'Oléocène, la crise principale est celle du pétrole, et pour ceux de l'Anthropocène, c'est la crise démographique et la crise climatique. En réalité, ces crises s'enchaînent. On attend les premiers effets notables de la crise climatique durant la convalescence de la crise pétrolière, dans un monde cherchant encore comment pallier la pénurie du pétrole. La crise démographique s'insère dans les deux : son émergence est associée à l'ère du pétrole, comme nous l'avons montré tout au long de ce livre, et elle renforce les effets de la crise climatique par sa contribution aux émissions de gaz à effet de serre et d'aérosols.

2008, an I d'une nouvelle ère ?

Le baril de poudre, pardon de pétrole, à 147 $ n'a pas dynamité la société, mais a créé la prise de conscience qu'un changement radical pouvait intervenir à tout moment. De même, la crise financière survenue en septembre 2008, deux mois après cette flambée du prix du pétrole, a montré la vulnérabilité d'une économie prise dans le tourbillon d'une folle croissance à base de pétrole et animée par le moteur du crédit financier à tout va, autre source d'instabilité. Ainsi alertée et ne pouvant vivre hors d'une perspective de croissance, la société cherche un nouveau ressort dans le redéploiement vers la maîtrise de l'énergie et les énergies renouvelables. Tant mieux, car si le temps nous en est donné, nous affronterons la crise du pétrole en étant mieux préparés.

Les incertitudes de la crise climatique

La crise climatique est bien identifiée grâce aux travaux du GIEC (Groupe d'experts intergouvernemental sur l'évolution du climat), aujourd'hui très médiatisés et seulement marginalement contestés. Néanmoins, deux traits peut-être moins connus méritent d'être rappelés.

D'une part, le GIEC nous invite à agir au plus vite, car le « système Terre » peut spontanément amplifier certains désordres. Ceux-ci ne seraient pas immédiatement perceptibles, en raison de la grande inertie du système climatique (imposée par la masse énorme de l'océan, partenaire actif de ce système), mais ils pourraient être redoutables. En raison de cette inertie, la montée de la température terrestre se poursuivra longtemps après la baisse des émissions de gaz à effet de serre.

D'autre part, le gaz carbonique, premier responsable du réchauffement, avec les 2/3 des émissions atmosphériques de gaz à effet de serre, est plus redoutable qu'il est admis. En effet, il sera encore présent dans l'atmosphère en masse notable dans

1 000 ans, et en traces encore dans 100 000 ans. On est loin des estimations, encore souvent reprises, de 20, 100 ou 500 ans. Car à la différence du méthane (autre gaz à effet de serre responsable de 20 % du réchauffement actuel), qui s'oxyde dans l'atmosphère en une dizaine d'années, le gaz carbonique est « inoxydable ». Il ne peut disparaître qu'au terme de cycles emboîtés, ne s'éliminant définitivement de l'atmosphère qu'en retournant dans les entrailles de la Terre par un processus de séquestration naturelle, que l'on tente actuellement d'imiter[1]. L'importance attribuée par le GIEC au gaz carbonique est donc légitime.

Dans son prologue, le présent livre rappelle que le système climatique demeure très sous-déterminé, c'est-à-dire encore imprévisible. Cette crainte tient aux effets de ce que l'on appelle des « rétroactions », soit positives, par amplification d'une variation de la température, soit négatives, par atténuation de cette variation. Le système climatique peut ainsi s'emballer, de puissantes rétroactions amplifiant la cause initiale (les gaz à effet de serre). Il est difficile de les prendre en compte dans les modélisations car leur pouvoir amplificateur est mal connu.

Voici des exemples de menaces globales venant du Nord et qui sont accélérées par le réchauffement actuellement très rapide de cette région. Avec la fonte de la calotte glaciaire arctique, nous savons que la surface d'eau qui remplace la banquise absorbe davantage les rayons solaires et contribue ainsi à amplifier le réchauffement initial. C'est un exemple de rétroaction positive, ici relativement facile à intégrer dans les modèles. Outre la fonte de la banquise, celle de la calotte glaciaire (inlandsis) pourrait aussi s'emballer par un effet dit de « moulins » : l'eau de fonte s'engouffre par des puits dans la calotte et cascade jusqu'au socle sous-jacent ; la fonte interne du glacier s'en trouve accélérée, tandis que le coussin d'eau ainsi injecté entre le socle et la calotte peut décoller celle-ci, aidant le glacier à glisser vers l'océan, où il fondra rapidement (on tente d'expliquer ainsi l'accélération du mouvement des

1. A. Nicolas (2007), *op. cit.*

glaciers polaires vers l'océan). La montée du niveau de la mer en serait accélérée, se mesurant non plus en centimètres mais en mètres, voire en dizaines de mètres si les glaciers antarctiques suivaient. Et dans l'Arctique, on craint que le réchauffement du pergilosol (sol qui est actuellement gelé en permanence) ne libère massivement du méthane par fonte des hydrates de gaz, les clathrates, qu'il contient (voir p. 57). Quant aux instabilités de l'océan liées au réchauffement, longuement exposées dans mon précédent livre[2], elles pourraient s'inscrire dans un avenir moins rapproché, bien que les récifs coralliens semblent d'ores et déjà menacés.

Il semble, en outre, qu'au début d'une perturbation comme celle que nous introduisons en injectant des gaz à effet de serre dans l'atmosphère, les rétroactions positives soient dominantes, accentuant le réchauffement induit. On admet que les rétroactions entrent en action au-delà de seuils. James Hansen, directeur du Goddard Institute de la NASA, qui fut en 1981 l'un des premiers à corréler l'augmentation de la température à l'apparition d'un effet de serre d'origine anthropique, estime aujourd'hui que le seuil acceptable des émissions de gaz carbonique serait de 450 ppm[3], sachant qu'avant l'ère industrielle il y en avait dans l'atmosphère 280 ppm et que nous en étions à 390 ppm en 2010. Selon la tendance actuelle, nous atteindrons ce seuil et l'ouverture possible de la boîte de Pandore des rétroactions positives vers 2050.

Aujourd'hui, les responsables retiennent l'objectif de James Hansen : ne pas dépasser 450 ppm de gaz carbonique en 2050 et baisser au-delà, ce qui permettrait, en principe, de rester sous les 2 °C d'augmentation de la température moyenne terrestre en 2 100 (augmentation par rapport aux valeurs pré-industrielles). Au-delà de ce seuil, le risque que les rétroactions fassent « flamber le climat » augmente dangereusement.

2. A. Nicolas (2007), *op. cit.*
3. Parties par million.

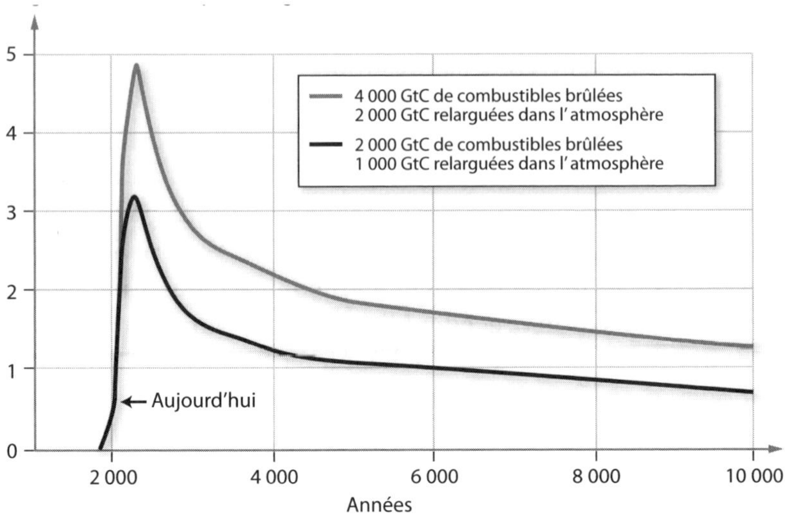

Fig. 7.1. Modélisation de l'évolution de la température moyenne terrestre au cours des prochains 10 000 ans selon deux scénarios concernant la masse de combustibles brûlés : 4 000 GtC, soit 2 000 GtC de CO_2 rejetées dans l'atmosphère, ou 2 000 GtC, soit 1 000 GtC de CO_2 rejetées dans l'atmosphère. Ces scénarios conduisent respectivement à des augmentations de température de +5 °C et +3 °C vers 2 300 (augmentations calculées par rapport à la température moyenne au début de l'ère industrielle). (Source : A. Nicolas, 2007, *op. cit.*)

Combustibles fossiles, fraction brûlée et température du futur

Produits géologiques de la sédimentation de la matière organique (au fond des océans dans les cas du pétrole et du gaz, en milieu continental dans le cas du charbon), la masse des combustibles fossiles en place dans des gisements a été estimée à environ 10 000 GtC[4]. Partant de cette masse, deux scénarios d'évolution de la concentration en gaz carbonique et d'augmentation de la température sont retenus. Ils correspondent à la combustion de 4 000 GtC ou 2 000 GtC de combustibles, conduisant respectivement à des émissions cumulées de gaz carbonique dans l'atmosphère de 2 000 GtC ou de 1 000 GtC, soit la moitié (en effet, l'océan absorbe

4. Milliards de tonnes de carbone.

environ l'autre moitié du gaz carbonique émis). Se fondant sur ces derniers chiffres, on calcule des teneurs maximales en gaz carbonique atmosphérique de 900 ppm ou 600 ppm et, finalement, on en déduit des augmentations de la température atmosphérique de 5 °C ou 3 °C vers 2 300 (Fig. 7.1). Les résultats de cette modélisation physico-chimique – et purement théorique – de processus assez bien maîtrisés ont été confirmés par des données paléoclimatiques et géologiques datant du Paléocène[5].

Y a-t-il un biais dans les modèles climatiques ?

On ne peut mettre en doute la qualité de la modélisation climatique telle qu'elle ressort, au sein du GIEC, du travail croisé de nombreux instituts depuis de nombreuses années, ni ignorer l'importance du message quant au changement climatique. Cependant, la donnée d'entrée des scénarios climatiques, à savoir le niveau des émissions atmosphériques en gaz carbonique, doit être discutée à la lumière des restrictions présentées dans ce livre sur l'état des réserves de combustibles fossiles, qui sont à l'origine de ces émissions. Cette discussion s'appuie sur une analyse des scénarios d'émissions, fondements du rapport du GIEC en date de 2007. Elle provient du groupe de climatologie de l'université d'Uppsala, qui fait autorité sur ces questions[6]. Les émissions de gaz carbonique issues des combustibles fossiles méritent une attention particulière en raison de leur volume : elles représentent 56,6 % des émissions totales de gaz à effet de serre.

Les modèles d'évolution climatique du GIEC se fondent sur un large éventail de prévision concernant les émissions de gaz carbonique (Fig. 7.2). Au-delà de 2 100 dans sa partie haute, l'éventail des émissions donne peu de signes de réduction

5. A. Nicolas (2007), *op. cit.*
6. www.tsl.uu.se/uhdsg/Publications/IPCC_article.pdf

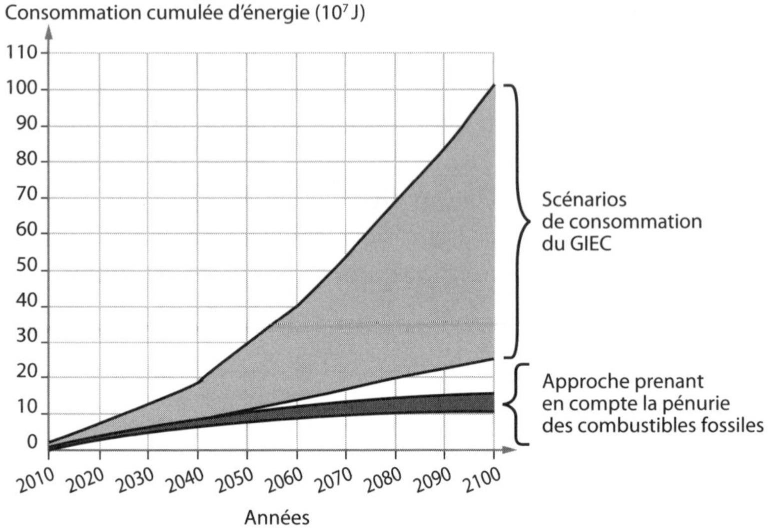

Fig. 7.2. Scénarios de consommation cumulée d'énergie et donc d'émissions cumulées de CO_2 jusqu'en 2 100. En haut, l'éventail de scénarios du GIEC, où les combustibles fossiles ne sont pas limitants. En bas, l'éventail de scénarios résultant de la prise en compte d'une pénurie des combustibles fossiles. (Source : d'après M. Höök *et al.*, *Natural Resources Res.*, vol. 19, p. 63, 2010.)

de son ouverture, laissant entendre que, sans contrôle sur les émissions, la température continuerait de monter. Jusqu'où ?

Revenons en arrière. En 2000, lorsque le rapport sur lequel le GIEC s'est fondé pour estimer les émissions de gaz carbonique (rapport SRES) a été validé, les restrictions quant aux réserves de combustibles fossiles, principales contributrices aux émissions de gaz à effet de serre et au réchauffement, n'étaient soupçonnées que par quelques cercles géologiques avertis. Comme discuté dans l'encadré ci-contre, le SRES s'est appuyé sur l'opinion dominante selon laquelle les combustibles fossiles seraient encore disponibles sans restrictions pendant longtemps. Dès lors pouvaient se déployer les scénarios les plus dispendieux concernant la consommation de combustibles fossiles, bien dans la ligne d'une croissance qu'aucune rupture ne viendrait entraver. Ainsi, dans le rapport du GIEC de 2007, le scénario « *Business as usual* » (où aucun effort n'est consenti pour limiter les émissions de gaz carbonique dans l'atmosphère) est associé à une augmentation de la température de 6,1 °C en 2 100. Nous avons critiqué dans le chapitre 4 ces modèles qui ignorent la limitation des ressources de la planète et, en particulier, celle des réserves de combustibles fossiles. Avec cette limitation, les modèles climatiques pessimistes du GIEC ne sont plus crédibles. En revanche, restent pertinents les modèles climatiques fondés sur un stock de combustibles fossiles proche des évaluations géologiques actualisées. Ces scénarios[7] prévoient pour 2 100 une montée de la température moyenne terrestre respectivement de 1,8 et 2,1 °C (augmentation par rapports aux températures pré-industrielles, rappelons-le).

Le GIEC et les scénarios d'émissions de gaz carbonique au cours du XXIe siècle

Le rapport SRES (*Special Reports on Emissions Scenarios*) fut validé par le GIEC en 2000 selon les lignes directrices évoquées plus haut, puis révisé en vue de la préparation du rapport du GIEC pour l'année 2007. Quarante scénarios furent alors retenus, divisés en 4 familles selon le type de développement choisi. Le processus d'établissement du rapport SRES est décrit en détail par le groupe de climatologie de l'université d'Uppsala. La critique est sévère, tant sur la méthode, qui traite avec une égale probabilité les scénarios les plus extrêmes et ceux au centre de l'éventail, que sur le fond, où l'on apprend comment l'estimation des ressources énergétiques entrant dans les scénarios devient un paramètre libre. L'estimation ne repose que sur les expertises produites en 1997 par un géologue, H. H. Rogner, et deux économistes, M. A. Adelman et M. C. Lynch. Le premier, partant d'une compilation des ressources en hydrocarbures chiffrée à 10 000 GtC, y ajoute près de 270 000 GtC d'hydrocarbures non conventionnels (ces données apparaissent aujourd'hui fantaisistes, voir chapitre 2) et 78 000 GtC de charbon. Quant aux économistes, ils s'expriment selon la ligne conventionnelle : « *Les estimations de réserves déclinantes sont incurablement fausses car elles relèvent d'un processus dynamique conduit par le progrès de la connaissance.* »
Commentaire du groupe d'Uppsala : « *Pensée utopique considérant les technologies futures comme étant capables de découpler la croissance*

7. SRES B1 et A1T, rapport GIEC 2007.

économique de la consommation énergétique. » Et conclusion de ce même groupe : « *Exagérant la disponibilité énergétique, les SRES font des prévisions irréalistes sur la production de combustibles fossiles.* »

Réserves ultimes de combustibles fossiles et bilan climatique

Revenons sur les estimations actuelles quant aux pics de production des trois formes de combustibles fossiles décrites dans le chapitre 2. Le pic le plus proche, celui du pétrole, est le mieux cadré, sachant que le plateau de production pour le brut a été atteint en 2005 et que la sortie de ce plateau se situerait vers 2020. Quant au gaz, le pic se situerait autour de 2030 pour le gaz conventionnel, mais il est plus difficile de prévoir de combien il pourrait être différé par l'appoint du gaz non conventionnel (voir p. 55). Enfin, contre toute attente, le charbon, dont on considérait il y a encore peu que le pic de production ne surviendrait pas avant plus de 100 ans, atteindrait ce dernier en 2050, sinon avant, avec un plateau de production observable dès 2020 suivi d'une diminution pente douce jusqu'en 2050 (voir Fig. 2.6).

Nous recherchons ici une estimation de la masse de combustibles fossiles qui sera brûlée dans le futur puis de l'incidence climatique du rejet de gaz carbonique dans l'atmosphère qui en résultera. Rappelons que le pic d'une ressource naturelle quelconque est, en principe, le sommet d'une courbe en cloche qui devrait être symétrique. Parvenus au pic, nous disposons théoriquement encore de la même quantité de cette ressource que celle qui fut consommée jusqu'alors. On calcule ainsi la masse de la réserve ultime en mesurant la surface entre le pic et l'épuisement de la ressource. Dans le cas présent, les combustibles fossiles pourraient nous assurer encore un siècle de confort. Mais il n'en est rien, car ces combustibles encore sous terre seront de plus en plus difficiles à extraire, coûtant de plus en plus cher. Pratiquement, une fois atteint le pic de production, les réserves encore exploitables pourraient ne pas excéder le quart de ce qui fut consommé avant le pic (voir Fig. 2.2b).

Masse de combustibles brûlée

Pour les géologues et les experts pétroliers indépendants, la masse des combustibles fossiles encore en réserve aujourd'hui et qui sera entièrement brûlée avant la fin du siècle serait de 1700 à 2500 GtC. Cette relative convergence traduit l'accord quasi général entre ces spécialistes sur les réserves de pétrole et, à un moindre degré, sur celles de gaz. S'agissant du charbon, ils partagent peu ou prou les mêmes sources, suite à la récente et drastique révision à la baisse de ce combustible (voir chapitre 2, § « « King Coal », un roi au règne écourté »). Nous avons vu que, concernant le charbon, l'estimation de David Rutledge[8], d'environ 600 GtC, fondée sur une analyse statistique de l'évolution de la production historique de gisements épuisés, concorde avec celle de L. de Sousa et E. Mearns[9] ; elle est un peu inférieure à une estimation de la compagnie BP et moitié moindre que celle de J. Laherrère[10]. Ce lot de données des spécialistes quant aux réserves mondiales en combustibles fossiles reste largement inférieur à la fourchette proposée par l'Agence internationale de l'énergie (AIE), qui reflète des sensibilités plus larges (de près de 4000 GtC à plus de 7000 GtC).

Précisant l'éventail inférieur de la figure 7.2, la figure 7.3 rapporte 2 modélisations d'augmentation de la température correspondant aux émissions de gaz carbonique associées à la combustion de 1700 GtC, soit 1000 Gtep, retenues par les géologues cités plus haut : L. de Sousa et E. Mearns d'une part (Fig. 7.3a), et D. Rutledge d'autre part (Fig. 7.3b).

8. D. Rutledge, « Hubbert's peak, the coal question and climate change », *Int. Jour. Coal Geol.*, janvier 2011.
9. L. De Sousa et E. Mearns, « Fossil Fuels Ultimates and CO_2 Emissions Scenarios », *The Oil Drum*, décembre 2008.
10. J. Laherrère, site www.aspofrance.org, 2009.

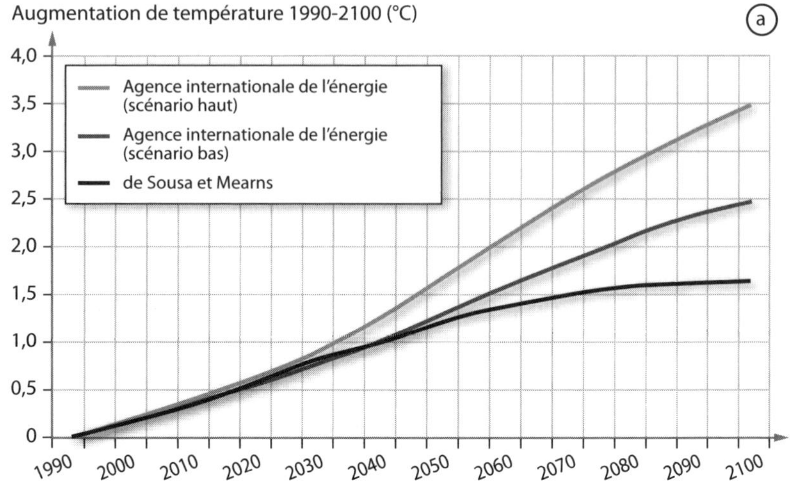

Fig. 7.3. Modélisations climatiques d'augmentation de la température moyenne terrestre. (**a**) Modèle de L. de Sousa et E. Mearns pour des émissions de gaz carbonique issues de la combustion de 1 700 GtC de combustibles fossiles, selon lequel l'augmentation de température sur la période 1990-2100 est de 1,6 °C ; pour comparaison, modélisations de l'Agence internationale de l'énergie, qui considèrent la combustion de 4 000 à plus de 7 000 GtC de combustibles fossiles. (**b**) Modèle de D. Rutledge considérant également la combustion de 1 700 GtC de combustibles fossiles ; l'augmentation de température entre le début de l'ère industrielle et 2 100 est alors de 1,2 °C. (Sources : **a.** L. de Sousa et E. Mearns, *op. cit.* ; **b.** D. Rutledge, *op. cit.*)

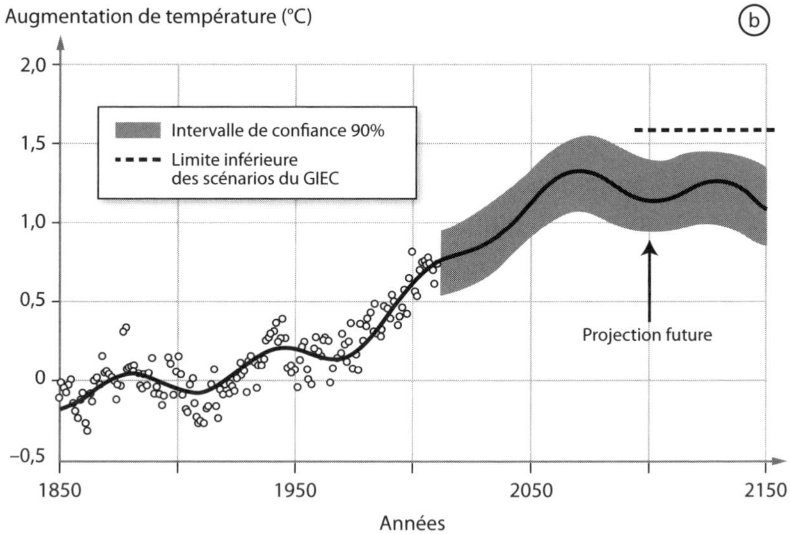

Ces modélisations prévoient une hausse de la température moyenne mondiale en 2100 de l'ordre de 1 à 1,5 °C.

Dans la réévaluation des réserves ultimes de combustibles fossiles, celles du charbon auront été centrales. C'est la baisse drastique des réserves mondiales de ce combustible par rapport aux évaluations antérieures – résultat des travaux du BGR (Institut fédéral des Géosciences et des ressources naturelles de Hanovre) – qui a permis de porter ce regard nouveau sur notre avenir. Parce que l'estimation des réserves de charbon est plus complexe que celle des réserves de pétrole et de gaz conventionnels, il serait d'une importance primordiale que d'autres services géologiques nationaux entreprennent de compléter et de préciser l'inventaire du BGR. On pense d'abord au puissant USGS (United States Geological Survey), qui, jusqu'ici, s'est complu dans des évaluations « politiquement correctes » et, pourquoi pas, en France, au BRGM (Bureau de recherches géologiques et minières) ?

Bilan climatique

Avec l'augmentation inévitable du prix du charbon, il y aura certainement des révisions à la hausse du volume des réserves et une augmentation de l'exploitation de ressources encore inaccessibles, au prix d'EROEI (retour énergétique sur investissement énergétique) malheureusement médiocres. On pense ainsi aux possibilités théoriquement considérables de la gazéification souterraine *in situ*. Dans le domaine pétrolier, il y aura aussi des découvertes de grands gisements de pétrole et de gaz naturel en mer profonde. On parviendra peut-être à extraire massivement du gaz de schistes ou des hydrates de gaz des régions continentales glacées et des plateaux océaniques. On peut néanmoins affirmer qu'il y aura de moins en moins de découvertes majeures de combustibles fossiles et que le prix de leur extraction ne cessera de croître, jusqu'à un EROEI les rendant dissuasifs.

En aucun cas, la masse des combustibles fossiles qui sera *in fine* brûlée ne permet d'envisager un éventail d'émissions de gaz carbonique aussi ouvert vers le haut que celui du GIEC (voir Fig. 7.2). Dans nombre de scénarios climatiques, cet éventail continue de s'ouvrir au-delà du siècle, ce qui suppose des réserves de combustibles fossiles encore abondantes, à l'opposé de notre scénario de pénurie. Conséquence de rejets limités de gaz carbonique dans l'atmosphère, nous l'avons dit, l'augmentation de la température moyenne terrestre ne serait que de 1 à 1,5 °C en 2 100. Seuls conserveraient tout leur intérêt les modèles du GIEC de la fourchette la plus basse.

Conclusion : le climat ne flambera pas !

La perspective que la pénurie de combustibles fossiles apporte une limitation naturelle aux émissions de gaz carbonique dans l'atmosphère est bienvenue. Certes, le stock des réserves ultimes de combustibles fossiles subira des révisions, soit à la à la hausse, soit à la baisse. Au-delà de ces fluctuations, l'écart avec les modèles climatiques les plus pessimistes du GIEC, fondés sur des données dépassées, est tel que seuls restent crédibles les modèles les plus optimistes.

Cette nouvelle perspective, peu contraignante, ne doit pas conduire à baisser la garde vis-à-vis du changement climatique car, ses mécanismes étant mal connus, on ne peut exclure tout risque d'emballement (voir précédemment, § « Les incertitudes de la crise climatique », p. 139). Baisser la garde n'a d'ailleurs aucun sens car le combat reste le même, celui de réduire la consommation des combustibles fossiles et les émissions de gaz carbonique entraînées par leur combustion. La réaction à la crise prochaine du pétrole et des autres combustibles fossiles, développée dans le chapitre 6, coïncide avec la réaction vis-à-vis de la crise climatique, passant toutes deux par les économies d'énergie et le développement d'énergies renouvelables, « non carbonées ».

Exemplaire, l'Europe a mis en place des plans de réduction des émissions de gaz carbonique afin de ne pas dépasser la limite des 450 ppm de gaz carbonique atmosphérique, soit une augmentation de température de 2 °C en 2100, seuil considéré comme celui de tous les dangers. Resterait à transposer hors des frontières de l'Europe ce modèle prenant en compte l'intérêt commun. L'entreprise paraît bien difficile au vu des difficultés rencontrées avec le protocole de Kyoto, toujours non paraphé par de grands pays, et l'échec de la réunion de Copenhague, fin 2009. À l'échelle mondiale, la recherche du consensus par une approche volontariste laisse sceptique. En revanche, en réponse à cet objectif, qui est aussi celui de la maîtrise de l'énergie, la réaction, largement individuelle, à la flambée du coût de l'énergie sera certainement plus efficace.

Conclusion

Les crises : un mal nécessaire

Revenons sur les crises présentées dans ce livre pour montrer qu'au-delà des souffrances engendrées, elles offrent une issue face à une situation dont la gravité se mesure à l'aune de ces souffrances. Car les crises répondent au grave dysfonctionnement d'un système. Elles sont à l'origine de solutions radicales inaccessibles par des voies plus mesurées, surtout s'agissant du domaine sociétal. Cela en raison des faiblesses intrinsèques au pouvoir démocratique. Par manque de discernement ou de courage, le pouvoir en place est en effet bien souvent tenté de léguer à ses successeurs le soin d'apporter les remèdes à des situations qui se dégradent. Souvent prévues mais, finalement, rarement anticipées, les crises sont brutales, et appellent dans l'urgence des mesures trop longtemps différées. N'est-ce pas à ce rythme qu'avance notre Europe ? Si la restauration peut s'envisager longue et douloureuse, de fait elle peut aussi être rapide et, généralement, elle est efficace.

Nous avons décrit ou évoqué successivement la montée des crises, celle de l'énergie, celle jumelée de la démographie et de la croissance, celle de la finance ouverte en 2008 et débouchant sur celle de l'économie, enfin celle du climat. En écho aux premières lignes de ce livre, on souhaiterait rappeler que l'emboîtement de ces crises témoigne de notre entrée dans une période de rupture majeure avec le passé. La mise en perspective des crises débouche sur de nouveaux espoirs.

Point de départ, la crise financière et économique actuelle. Ce fut la première à se déclarer et nous l'avons inscrite dans la montée des crises suivantes, comme étant le fruit vénéneux d'une croissance incontrôlée et du règne du « pétrole à gogo ». L'écart entre les valeurs en biens physiques et la monnaie qui est censée les représenter n'a cessé de se creuser pour atteindre lors de la crise de 2008 un rapport de 4 en défaveur des biens physiques. On attendait comme bienfait à la sortie de cette crise une réglementation sévère, la moralisation des mœurs financières et le remboursement progressif des masses de monnaie virtuelle empruntées aux générations futures. Trois ans après son déclenchement, le bilan est mince et la faillite de la finance, qui aurait été son aboutissement naturel, semble en passe de devenir celle des États. Faute de mesures urgentes et radicales, elle pourrait conduire à une faillite générale. L'analyse de l'économiste Yann Moulier-Boutang présentée chapitre 4, plus optimiste, est aussi plus conforme à notre attente. Il voit naître de cette crise une forme nouvelle et plus humaine du capitalisme, dans un système global enfin capable de museler les excès du précédent.

Crise suivante et plus grave, celle de l'énergie. Probablement d'ici à la fin de cette décennie, elle s'ouvrira sur la pénurie du principal carburant de la croissance, le pétrole, suivie avant la moitié de ce siècle par celle des autres combustibles fossiles. Si elle n'est pas anticipée, la crise du pétrole sera celle du sevrage d'une drogue, mettant brutalement fin à l'envolée de la croissance de l'économie mondiale et à celle de la démographie, bouleversant le mode de vie des pays riches et dévastant les pays pauvres.

Ainsi la croissance démographique qui s'exprimait par un doublement de la population mondiale au cours des 50 dernières années s'est-elle nourrie d'un pétrole abondant et bon marché. La croissance de la richesse individuelle et mondiale fut encore supérieure. On connaît trop les méfaits de cette croissance débridée : atteinte grave à la biodiversité, montée des pollutions de toute nature et mise à sac des ressources non renouvelables de la planète (ainsi que celles qui ne sont plus renouvelables faute de temps). On sent bien que la fin est proche. Déclenché par la crise du pétrole, le reflux de la croissance et de la population pourrait être brutal, avec un retour aux équilibres du début du siècle dernier. Sur le long terme, le reflux de la croissance aura deux conséquences majeures. D'une part, il soulagera l'atteinte à la biodiversité, en passe de dégénérer en une crise d'extinction des espèces d'ampleur géologique. D'autre part, pour le plus grand bien de l'humanité, la crise de l'ensemble des combustibles fossiles, attendue vers 2050, devrait fortement tempérer la crise climatique qui couve actuellement. En effet, la pénurie des combustibles fossiles entraînant une limitation des émissions de gaz carbonique dans l'atmosphère, la modélisation climatique de montée de la température en 2100 s'oriente vers le scénario le plus bas de la fourchette proposée par le GIEC dans son rapport 2007.

Annexe 1

Unités de mesure utilisés et conversions

Convention sur les ordres de grandeur
K (kilo…) = 1 000 = 10^3
M (Mega…) = 1 000 000 = 10^6 = 1 million
G (Giga…) = 1 000 000 000 = 10^9 = 1 milliard ou 1 billion
T (Tera…) = 1 000 000 000 000 = 10^{12} = 1 trillion
P (Peta…) = 1 000 000 000 000 000 = 10^{15} = 1 quadrillion

Mesures : volumes et poids, équivalences métriques

Pétrole :
1 baril ~ 159 l
1 tonne ~ 7,3 barils
1 baril/jour ~ 50 tonnes/an

Gaz :
1 cf (*cubic foot*) ~ 0,028 m^3, 1 m^3 ~ 35,3 cf
1 Tcf (*trillion cubic feet*) ~ 28 Gm^3 (milliards de m^3)

Énergies

La tonne équivalent pétrole
On utilise comme unité principale la tonne équivalent pétrole, tep (en anglais toe, *ton oil equivalent*) qui, strictement, est une unité de masse dont on considère ici le pouvoir énergétique. De même, on utilise parfois en un sens énergétique la tonne de carbone, tC. La tC présente l'intérêt d'être adoptée en climatologie pour exprimer les masses de gaz carbonique issues des combustibles fossiles dont ils expriment aussi la masse dans cette unité avec : 1t CO_2 ~ 0,27 tC.
Le facteur de conversion est : 1tep = 42GJ = 1,66 tC.

Autres mesures énergétiques pratiques
L'énergie d'un baril de pétrole : 1 baril = 0,137 tep.
Le gaz naturel en chiffres ronds : 1 cf ≈ 0, 025.10^{-3} tep.

Le charbon, en équivalent anthracite (la variété la plus noble), avec la tonne équivalent charbon : 1 tec ~ 0,83 tep ;

mais si l'on considère les différentes qualités de charbon (lignite, houille, anthracite...), 1 tec ~0,7 tep.

Le tableau ci-dessous illustre la variété des contenus énergétiques des combustibles.

Tableau de conversion des GJ en tep pour différentes substances énergétiques.
(Document DGEMP/OE, mai 2002.)

Énergie	Unité physique	En gigajoules (GJ)	En tonnes équivalent pétrole (tep)
Charbon			
Houille	1 t	26	0,619
Coke de houille	1 t	28	0,667
Agglomérés et briquettes de lignite	1 t	32	0,762
Lignite et produits de récupération	1 t	17	0,405
Pétrole brut et produits pétroliers			
Pétrole brut, gazole/fioul domestique	1 t	42	1
GPL	1 t	46	1,095
Essence moteur et carburéacteur	1 t	44	1,048
Fioul lourd	1 t	40	0,952
Coke de pétrole	1 t	32	0,762
Électricité			
Production d'origine nucléaire	1 MWh	3,6	0,261
Production d'origine géothermique	1 MWh	3,6	0,86
Autres types de production	1 MWh	3,6	0,086
Bois	1 stère	6,17	0,147
Gaz naturel et industriel	1 MWh PCS	3,24	0,077

Choix des unités énergétiques

Sujet difficile et pollué par des unités issues de la pratique pétrolière, encore imprégnée du système de mesure anglais. Le tableau précédent rappelle que le système métrique impose le joule comme unité d'énergie, voire le Wh (1 Watt/

heure = 3 600 joules, soit 1 W pendant 3 600 secondes). Ces unités sont très petites, assez bien adaptées à la vie courante, mais absolument pas aux énergies ici considérées, qui sont énormes et se mesureraient en petajoules et bien au-delà ! Pour cette raison, le choix a été fait ici de retenir des unités étrangères au système métrique, mais mieux adaptées, avec la tonne équivalent pétrole (tep) et la tonne équivalent carbone (tC). Intrinsèquement imprécises, ces mesures ne sont pas choquantes car nous baignons ici dans un univers où les mesures ne sont bien souvent que des estimations. Ainsi, les équivalences pétrole, gaz et charbon sont approximatives car la valeur énergétique des ressources énergétiques varie beaucoup selon les gisements. À cet égard, il serait physiquement incorrect de chercher à les exprimer avec une précision illusoire.

Annexe 2

Principaux sigles utilisés

ADEME : Agence de l'environnement et de la maîtrise de l'Énergie.
AIE : Agence internationale de l'énergie (IEA en anglais : International Energy Agency), fondée par l'OCDE en réaction à l'OPEP, le club des pays consommateurs.
ANDRA : Agence nationale pour la gestion des déchets radioactifs.
ASPO : Association for the Study of PeakOil, regroupe dans plusieurs pays divers spécialistes du pétrole.
BGR : Bundesanstalt für Geowissenschaften und Rohstoffe, plus connu comme le Federal Institute for Geosciences and Natural Ressources de Hanovre.
BRGM : Bureau de recherches géologiques et minières.
BP : British Petroleum ; s'intéressant aux énergies de l'après-pétrole, sigle se lisant aussi Beyond Petroleum ; publie *Statistical Review* annuellement.
BRIC : Brésil, Russie, Inde et Chine.
BTL : Biomass To Liquid, biocarburant, pétrole artificiel issu de la biomasse.
CTL : Carbon To Liquid, charbon liquide, pétrole artificiel issu du charbon.
DoE : (United States) Department Of Energy, Département de l'énergie des États-Unis.
EIA : Energy Information Agency, site du DOE sur les données énergétiques par pays.
EnR : Énergies renouvelables.
EWG : Energy Watch Group, groupe d'experts indépendants.
FAO : Food and Agriculture Organization, Organisation pour l'alimentation et l'agriculture de l'ONU.
GIEC : Groupe international pour l'évolution du climat (IPCC en anglais : Intergovernmental Panel on Climatic Change).
GTL : Gaz To Liquide, pétrole artificiel issu du gaz naturel.
IHS-CERA : Information Handling Services-Cambridge Energy Research Associates, analystes sur l'énergie.
IDH : Indice de développement humain, indicateur composite par pays créé par le PNUD, plus large que le PIB.
LGN : Liquide de gaz naturel (LNG en anglais : Liquid of Natural Gaz).
LNG : voir LGN.
MISI : Management Information Services Incorporated, société américaine de service.
OPEP : Organisation des pays exportateurs de pétrole (OPEC en anglais : Organization of the Petroleun Exporting Countries).
PIB : Produit intérieur brut.
PNB : Produit national brut, qui est le PIB auquel on ajoute le solde des échanges extérieurs au pays.
PNUD : Programme des Nations Unies pour le développement.
STL : Shale To Liquide, pétrole artificiel issu de schistes bitumeux.
TOD : *The Oil Drum*, site de blogs sur l'énergie et sa crise (www.theoildrum.com).
UKERC : United Kingdom Energy Research Center, Centre officiel britannique sur l'énergie et son futur.
USGS : United States Geological Survey, Service géologique américain.
WEC : World Energy Council, Conseil mondial de l'énergie, groupant la plupart des pays du monde.
WEO : *World Energy Outlook*, publication annuelle de l'AIE sur l'énergie.
XTL : X To Liquid, nom générique des liquides (ou « pétroles ») artificiels.

IMPRIM'VERT®

Imprimé en France par la Nouvelle Imprimerie LABALLERY à Clamecy
N° d'édition : 005854-01 - N° d'imprimeur : 106261
Dépôt légal : juillet 2011